海權興衰兩千年 II

從鄂圖曼帝國的君士坦丁堡征途
到西班牙無敵艦隊的殞落

熊顯華 著

SEA POWER
the Rise and Fall for 2,000 Years (1453-1588)

推薦序　二十一世紀藍色文明的競逐

國防院　國防戰略與資源所　所長、博士／蘇紫雲

希臘海軍不安的在港邊待命，波斯六百艘戰船組成的龐大艦隊即將發動攻勢，壓的希臘人難以喘氣，希臘聯盟海軍指揮官地米斯托克利也強做鎮定，儘管戰前民主議會支持大力發展海軍，也同意以輕快戰船的創新方案來對抗占數量優勢的波斯，但面對敵人龐大的海上優勢，任誰也無法輕鬆以對。直到黃昏時刻情報傳來波斯海軍已進入薩拉米斯海灣，希臘全艦隊拔錨出港將恐懼拋於腦後，以數量劣勢的輕快戰船擊沉了兩百艘的敵艦，迫使波斯海軍敗退並打消兩棲登陸，以不對稱的兵力獲勝穩固了希臘世界的安全也開啟了民主文明的全盛期。

近一千三百年後，虞允文踏在岸邊水際，憂心忡忡看著長江對岸金軍完顏亮的水軍大營，宋軍敗退過江的殘部則在采石磯岸邊零散列陣。身為中書舍人的文官，奉派以馬府參軍身分犒師勞軍，文弱書生未經戰陣卻面臨大敵當前絕境，虞允文不忍

棄軍而去遂召集宋軍水陸將佐振奮士氣決定與金軍死戰保國。雖數量不如敵軍，但虞允文踏上宋朝水師甲板擬定水戰計畫，利用南宋水師擁有木輪推進的「飛虎戰船」優勢，具有航行速度與航向的靈活性，搭配霹靂炮與水雷等早期火器的運用在江面來回衝殺，打的金軍艦隊潰不成軍，成功阻絕金軍兩棲登陸穩固了南宋朝廷。

東西方的兩場代表性水面戰役，一為海戰另一為江河戰，但都說明了掌握水陸介面的重要性，以及善用科技創新的戰略價值。在人類經濟、政治的發展史中，始於江河文明而擴大於海洋文明。江河滋潤農耕給養城邦，但海洋供輸資源可壯大邦國，可以這麼說，人類的文明由江河的黃水走向濱海的綠水再走向遠海的藍水，這也象徵著近代強權的發展。

同樣重要的是科技在海軍發展旅程中扮演關鍵地位，由早期的帆槳動力到蒸汽推進，火炮與鐵甲艦的運用更使得海軍可以結合機動力、火力、防護力，以控制海洋空間。而航海鐘的發明，讓船艦可在茫茫大海中精確量測航程並定位導航，咖哩等香料得以遮蓋蔬果異味在遠航時補充水手維生素以保持健康與體力，這些科技的綜合運用共同構成了海權的基本要素。

作者在這本書中以深入淺出的筆法描述海權發展，生動且圖像化的呈現了近現代的海權觀念與國際貿易的發展趨向。其實，海上交通線都與貿易、能資源的供需息息相關，二十一世紀新一波藍色文明的競逐包括美國提倡的「印太戰略」、中國「帶路倡議」都是海洋經濟政治的大棋盤策略。畢竟海權的興衰史說明誰掌握海洋將決定未來國際政治權力分配與市場經濟的樣態，因此無論是政治菁英、企業決策者、乃至股市投資者所謂的「航海王」，都可透過本書一窺地緣政治競爭的堂奧，在各種訊息中得以更精確的判斷，理解新一波的藍色文明，就能掌握政治、經濟乃至安全的脈絡主軸。

推薦序　海權擴張史所形塑的西洋史

《全球防衛雜誌》前採訪主任、「軍情與航空」網站主編／施孝瑋

台灣四面環海，我們許多政治宣傳，喜歡說我們是「海洋國家」。但實際上在安土重遷的華人傳統文化下，歷史上我們對於海洋經營乏善可陳，因此我們絕不是「海洋國家」，至多只能算是「海鮮國家」。但是在人類大約五千年左右的信史階段，西方和東方為什麼發展出完全不同的文化風貌？甚至是軍事歷史？人類歷史的演進，戰爭和軍事史占著相當重要的部分，而身處歐亞大陸的華夏民族的自然環境，和西方以海洋為核心的舞台自然產生截然不同的樣貌，而科技需求更多的海戰，也注定了海權壓過陸權的歷史宿命。

和華夏民族成長茁壯的黃淮平原不同的是，西方文明成長於地中海，茁壯於大西洋，最後在殖民地的競賽中拓展至海洋所及之處，並在十九世紀中葉到達了與地中海距離最遠的太平洋西岸。這個發展的歷程，絕非一路平和只因商業而崛起茁壯，而是一路殺伐才成為各帝國強大的根基。或許我們可以這麼說，西方文明可說是奠

基於海戰戰史之上。

既然知道了西方文明史，可說是一部海戰史的開展，而科技的需求與進步，自然隨著從愛琴海、地中海、歐洲近海到大西洋航行的科技發展而前進。相較於同時期的中方與華夏民族，歷史上除了赤壁之戰和為了尋找可能潛逃海外的明惠帝而進行多次的「鄭和下西洋」之外，華夏民族在海權發展的過程中，表現是遠落後於西方冒險犯難的海洋探險文化。而也因為政治的緣故，鄭和七下西洋與清代擴境至台灣之後，竟然採取了「海禁」的政策，也讓中華民族在現代化的發展途徑上，只能緬懷歷史上的大發明卻沒有國力的擴充了。

這套書的主軸，不是要我們感嘆在海權史上我們未能站得一席之地，而是讓我們清楚看到，歷史上海戰史的演進及其產生的極深遠影響。從最早的大流士與薛西斯的波斯希臘戰爭，一直到美日太平洋戰爭後的海權新秩序，書中挑選影響歷史甚鉅的十六場海戰，以更多篇幅介紹了海戰的背景與成因，戰鬥的推演以及對後世的影響。

戰役，特別是海戰，在一場海上遭遇後，往往改變了原本的戰略態勢或是各方優劣點，讓一場海戰對於兩個國家、甚至是兩個文明，產生翻天覆地的影響，並重組權力結構，徹底改變並影響世界。

序言　「巨浪」歷史下的記憶與海洋文明的對決

在我打算寫這樣一部書時，我決定用不一樣的視角去闡釋海洋文明下的「巨浪對決」。這種對決不僅僅是以戰爭的形式，更多的是體現在政治經濟、制度文化、地緣海權、意識思想等方面上。

從木槳時代到風帆時代，從風帆時代到蒸汽時代……，巨浪的歷史總離不開艦船的歷史。無論是爭奪新世界的資源，還是伴隨著商業貿易的文明交融，縱觀歷史，我們會發現：天平的中心點正在偏向大西洋沿岸的國家。那些走向海洋的國家，利用政治權力、航海技術、殖民領地、宗教信仰等諸多因素將資本注入到國家運轉體系中。在今天看來，雖然它們已經成為過去的歷史，但是對當下和未來的要義依然存在。譬如，現代歐洲起源的核心推動力，我們就可以在宮廷、港口、貿易航線、海上霸權中找到。歐洲的現代化既得益於數千年的文明交融，也得益於來自世界各地的原始資本積累。從這個角度講，是「大歷史」創造、推動了嶄新的世界。

在這部關於大歷史的書裡，讀者會看到一條貫穿全書的時間線，還會感受到一條暗線也存在其中，即海權在人類歷史、區域歷史、國家歷史中的重要作用。對決不僅僅是我們通常理解的戰場殺戮，更多的是指向在歷史進程中的多元化碰撞。

本書甄選了從西元前五世紀到西元二十世紀的十六場具備特殊要義的海上戰事，力圖透過不一樣的視角勾勒出海洋文明對決的歷史進程。在處理這些複雜的題材時，我並沒有刻意注重戰爭場面的描繪，相反有意識地為讀者構建一個多視角、非虛構的歷史記憶。在創作中，我更加注重人物與時勢、經濟與組織、政治與制度、文化與生活、地緣與海權、集體記憶與個體特質、原因與結果的交互影響。不過，我並非要創作一部適合詳細闡釋東西方文明特性以及演進過程的歷史著作，我更願意將這本書的受眾群體指向普通讀者。

以海洋為途徑的文明延伸方式非常獨特。譬如，薩拉米斯海戰讓雅典人走出了希臘國界。本書以希臘與羅馬的古典文明體系作為開篇，是想闡釋羅馬帝國崩潰的過程中，其文明體系並沒有被毀滅掉，在這之後的歲月裡，其以多種途徑傳播到歐洲的西部和北部。這個文明所持有的理念離不開海洋的福澤。

所以，我個人以為歐洲的歷史大都是海洋的歷史。

當然，這個文明的傳播、滲透既要感謝那些希臘與羅馬古典文明體系的傳承者、崇拜者，也要感謝這個文明體系的強大生命力。

進一步來講，從地理大發現時代到殖民擴張的時代，從十五世紀到十九世紀，西方文明多以海洋為紐帶延伸到非洲、美洲、亞洲等區域。不僅西方，東方也曾以這樣的方式將其文明延伸到世界各地。於是，這個世界終於聯繫在一起，形成一個人類命運共同體的交融世界。

海洋文明間的對決在多個層面都體現了國家興衰、歷史走向等。為此，我在書中對它們進行了不同視角的探討。譬如——

雅典人是如何利用「木牆」讓薩拉米斯具備神聖要義的？走出希臘國界後的世界是什麼樣子？

薛西斯一世是以人間統治神的名義，還是借眾神之神的名義指揮著他的海上艦隊？

米列海戰裡神祕的「烏鴉」到底為何物？它如何讓海戰變成陸戰的？杜伊利烏斯紀念柱對後世有何影響？

提里盧斯·格隆事件併發症是如何成為迦太基帝國走向毀滅的重要節點的？迦太基女王真的存在嗎？她與帝國滅亡有哪些關係？以貿易為主的海上帝國是否抵擋得住以軍事力量為主的入侵？

什麼叫作奧古斯都的門檻？埃及豔后與亞克興海戰有何關係？她的死因到底是什麼？

基督山島的海上戰事，最終只是為了俘獲一群教士，還是另有隱情？西西里島如何成為眾多國家爭奪的焦點？

君士坦丁堡的前世今生是否意味著一四五三年的戰爭並未結束？流動火焰如何拯救希臘文明？

特諾奇提特蘭與一個征服者之間發生了什麼？是瘟疫侵害了這個文明，還是其他？

一五六五年的馬爾他大圍攻有多少鮮為人知的細節？它與勒班陀海戰有何關係？

僅僅是因為爭奪西班牙遺產而引發了不多時的四日海戰嗎？

特拉法加海戰與一份合約、一個陰謀相關？

為過去復仇的義大利海軍是如何成為諾貝爾文學獎獲獎作品《魔山》中的中心角色的？

日俄對決，日本真的贏了嗎？

日德蘭海戰是馬漢主義的巔峰，還是荒唐時代的錯誤？

中途島如何成為漂浮的地獄的？

……………

這些細節都會在書中體現。當然，這只是書中內容的一部分——這部書的價值不在於以獵奇的形式彰顯，更多的是以巨浪歷史下的記憶和海洋文明對決的內容闡釋兩千多年來的文明歷程，並對當下和未來提供一些思考的路徑。

所以，我特別喜歡若米尼的那句名言：「（這是）值得的永遠記憶。」如果說這本書還有什麼目的，就是希望越來越多的人理解海洋——在陸地上待久了的人們會越來越覺得海洋是多麼重要；在海洋上受益於其財富的人們同樣會一如既往地擁抱海洋。

需要說明的是：因水準有限，書中難免有不少謬論、錯誤，還望大家多以包容的心態去看待，歡迎指正、批評，我將不勝感激！另，為方便讀者進一步瞭解與書中相關的內容，我儘量做了應有的注釋，希望能起到一定的輔助作用。

最後，感謝出版方以及為此書做出辛勤工作的同仁們！他們的出版初衷和我一致。希望這樣一部書沒有終結，還有後續。

熊顯華

推薦序　二十一世紀藍色文明的競逐
推薦序　海權擴張史所形塑的西洋史
序　言　「巨浪」歷史下的記憶與海洋文明的對決

Chapter I
前世今生：君士坦丁堡的陷落（西元 1453 年）
帝國末日　016
城堡陷落　036
並未結束的一四五三　067

Chapter II
粉碎文明：特諾奇提特蘭的憂傷（西元 1521 年）
悲痛之夜　088
殺戮與毀滅　105
「無法解釋」的困惑　131

CONTENTS

Chapter III
圍攻馬爾他：堅不可摧的堡壘（西元 1565 年）
與馬爾他相關 144
生死較量 175
永遠無法征服 211

Chapter IV
資本主義的殺戮：勒班陀神話（西元 1571 年）
殺戮場 240
狹路相逢 266
勒班陀神話 291

Chapter V
決定時刻：由普利茅斯走向世界（西元 1588 年）
狂妄之舉 306
決定時刻 319
國家崛起 332

Chapter I

前世今生

君士坦丁堡的陷落

（西元 1453 年）

蘇丹穆拉德二世在黑海之濱的瓦爾納不費吹灰之力，便擊敗了這群烏合之眾。最後一次試圖拯救拜占庭的十字軍也就此煙消雲散了。——史蒂文．朗西曼《1453：君士坦丁堡的陷落》

01
帝國末日

對希臘人而言，一四五三年君士坦丁堡的陷落無疑是讓他們刻骨銘心的。拜占庭的燦爛與輝煌成就了這個帝國在世界文明舞臺的重要位置，一四五三年這一年卻是希臘人一段歷史的終結。昔日的歷史學家們常常以一四五三年君士坦丁堡的陷落作為中世紀結束的標誌。不過，這一說法未必是準確的，一段歷史的終結在很多時候很難找出絕對的標誌。實際上，在君士坦丁堡陷落之前的很長一段時間裡，義大利及整個地中海世界已經興起了「文藝復興運動」。一四五三年之後的很長時間裡，中世紀的思想仍然在北歐盛行。而一四五三年之前開端的地理大發現，在今天看來，它已經深深地影響並改變了整個世界。如果我們把拜占庭帝國的滅亡與鄂圖曼帝國的崛起聯繫起來，就會發現歐洲貿易或者整個世界的貿易在發生著微妙變化，而且這個變化隨著時間的推移愈加明顯。

一四五三年之前的半個世紀裡，許多拜占庭學者來到義大利謀求更好的發展，而此時依然有許多學者離開異教徒的土地遠赴歐洲淘金。鄂圖曼帝國崛起，以強硬的軍事手段和擴張野心阻礙了東地中海的貿易發展，其中尤以義大利至黑海的商業航線受到的影響最大。這當中，威尼斯、熱那亞恐怕是最大的受害者。首當其衝的是熱那亞在拜占庭的商業區，隨後這個海上強國的商業霸權風雨飄搖、弱不禁風。

君士坦丁堡的陷落對土耳其人具有重要意義，他們攻下這座文明城市，為其帶來的不僅僅是一座新都，還在於保護了帝國在歐洲部分領土的安全。君士坦丁堡的特殊地理位置使得它能發揮扼守歐亞交通要道的作用，而且它還處於鄂圖曼帝國領土的中心，如果這座城堡一直掌握在拜占庭異教徒手中，土耳其人恐怕將難以入眠了。如果從君士坦丁堡再出現一支基督教十字軍，土耳其人會更覺如芒在背。

對希臘人而言，君士坦丁堡的陷落也是他們心中的劇痛。作為上帝的代言人，城中的羅馬皇帝與這座城市一同殉難，希臘人的生存從此處於苦苦掙扎中。不過，希臘文明並未因此而消亡，這個文明內在的活力與希臘人的無限勇氣是其中的重要原因。

與迦太基帝國滅亡一樣，悲劇的色彩同樣籠罩在希臘人身上。前世今生，今生未來，一切或許已有定數。

時間拉回到一四〇〇年的耶誕節，英王亨利四世在他的行宮伊森舉行了一次特殊的宴會，在這次宴會中來了一位重要的客人，他就是拜占庭帝國皇帝曼努埃爾二世（Manuel II Palaiologos，一三九一—一四二五年在位）。他是希臘人的皇帝，有時候也被人稱作羅馬人的皇帝。這位皇帝的一生充滿了傳奇色彩，他博學多才，遊歷了許多國家，受到君主和學者的喜愛。當然，我們也會很自然地想到，這位皇帝遊歷的目的更多的是為了尋求幫助。英國人為拜占庭人的高貴舉止傾倒，也為他乞求西方基督教國家幫助對抗東方入侵的穆斯林異教徒的行為感到詫異。不僅是英國人，法國人也拒絕了他，這些西方國家根本不相信這位皇帝的國家需要他們說明。對此，亨利四世的大法官阿斯克的亞當（Adam of Usk，一三五二—一四三〇年，威爾士神父、歷史學家）說道：「我細細忖量，如此高貴的基督教貴族卻被東方的薩拉森人逼迫得走投無路，以致要遠赴西方乞援。哦，古羅馬的榮耀如今何在？」[1]

作為奧古斯都、君士坦丁的繼承人，曼努埃爾二世可謂生不逢時，君士坦丁堡的羅馬皇帝呼風喚雨的時代已經過去。十一世紀塞爾柱突厥興起，西方的諾曼人也嘗試入侵拜占庭，東西兩線的危險讓這個帝國焦頭爛額。加之十字軍宣導的「聖戰」，

1 參閱史蒂文．朗西曼的《1453：君士坦丁堡的陷落》。更多關於君士坦丁堡的論述可參閱亞歷山大．亞歷山德羅維奇．瓦西列夫的《拜占庭帝國史》一書。

其對拜占庭帝國是有危險的。然而，耐人尋味的是，拜占庭也希望從十字軍那裡獲得益處，只是帝國的實力大不如前，在那個滿是戰亂的時代，一個帝國的能力大幅度下降則表明它的訴求在很多時候都不會得到應有的尊重。更何況，在一〇七一年八月二十六日的曼齊刻爾特（Manzikert）會戰中，拜占庭帝國皇帝羅曼努斯四世（Romanos IV Diogenes）慘敗給突厥人，帝國失去最重要的糧倉與兵源之地安納托利亞。會戰的失敗讓拜占庭幾乎失去小亞細亞，這成為帝國由盛轉衰的標誌。隨後，這個帝國更加依賴外國盟軍和雇傭軍，尤其是後者，拜占庭帝國需要支付大量傭金或者失去一些商業特權。而更加不幸的是，這一切又發生在帝國經濟衰退的年代。

這一時期的拜占庭帝國對待穆斯林的態度讓人費解。它既不支持後者與十字軍的對抗，也對十字軍沒有什麼熱情，帝國以一種「漠不關心」的態度存在於兩者之間。到了十二世紀，因天主教會與東正教會的分裂，東西方基督教國家的矛盾也更加明顯了。一二〇四年，更可怕的危機到來了，原本是去援救拜占庭帝國的十字軍竟然反戈一擊，洗劫了君士坦丁堡，並在這裡建立了拉丁帝國。這次事件影響是巨大的，它終結了東羅馬帝國的強國地位，直到大約半個世紀後，流亡到小亞細亞西部的拜占庭勢力，即尼西亞帝國才奪回了君士坦丁堡。拉丁帝國的衰亡似乎讓拜占庭人看到了復興的希望。

然而，米哈伊爾八世（Michael VIII Palaiologos，一二二五—一二八二年）統治下的政權明顯後勁不足。這是屬於拜占庭末代的一個王朝，即巴列奧略王朝（Palaiologos Dynasty），君士坦丁堡在這一時期雖然還是東正教的中心，但是帝國的聲望已經大不如前了。加之還有其他拜占庭勢力建立的王國，譬如由拜占庭科穆寧皇室後裔於一二〇四年建立的特拉布宗王國，這個王國擁有豐富的銀礦資源和傳統商路[2]，幾乎不同巴列奧略王朝有什麼往來；在色雷斯地區由拜占庭皇室後裔建立的伊庇魯斯王國[3]，也因爭奪君士坦丁堡與巴列奧略王朝爆發過戰爭。因此，昔日的輝煌幾乎不可能再重現了。更何況，還有巴爾幹的兩股重要勢力，即保加利亞和塞爾維亞的存在，以及在希臘本土與周邊島嶼上義大利人和法蘭克人的勢力，拜占庭帝國陷入到遲暮之齡的困境。為了驅逐十字軍奪取君士坦丁堡的幕後黑手威尼斯人，帝國決定引入熱那亞人的勢力，但是熱那亞人野心勃勃，他們幫助帝國的重要條件就是要獲取商業特權。在險象環生的境況下，拜占庭答應了，隨之失去的是首都北

2 主要在大不里士，Tabriz，這是一處重要的商業通道之地，位於烏爾米耶湖（Lake Urmia）盆地東北側的山麓，今天是伊朗的重要城市之一，亞塞拜然地區的最大城市、東亞塞拜然省省會。

3 位於巴爾幹半島的一個中世紀國家，是拜占庭皇室後裔建立的王朝，後被鄂圖曼土耳其滅亡。

部重要的商業區佩拉（Pere）[4]的商業控制權，帝國的財政狀況由此雪上加霜。

到了十四世紀，拜占庭受到強大的塞爾維亞王國[5]入侵，並大有被吞併之跡象。雇傭軍加泰羅尼亞傭兵團[6]的叛亂給帝國造成了很大的災難。一三四七年爆發了可怕的黑死病，導致帝國人口銳減。鄂圖曼帝國趁火打劫，利用拜占庭與巴爾幹諸國的紛爭大肆擴張，到十四世紀末，鄂圖曼帝國的勢力已經抵達多瑙河畔了。這意味著，拜占庭幾近處於鄂圖曼帝國的包圍圈中了——曾經偌大的帝國，現在差不多只剩下首都君士坦丁堡和塞薩洛尼基（Thessaloniki）[7]，色雷斯的幾座城鎮，黑海沿岸的一些市鎮，以及伯羅奔尼撒半島的大部分地區了。

雖然這一時期拜占庭帝國在藝術方面保持著高超的水準，並擁有大批優秀的學者，但君士坦丁堡已經淪為一座垂死的城市。十二世紀的時候，僅帝國首都及郊區

4 也叫加拉塔，與金角灣毗鄰，是防禦君士坦丁堡的重要之地。

5 一二一七—一三四六年，由尼曼雅王朝統治，後成為鄂圖曼帝國的一個行省。

6 Catalan Company，歷史上歐洲的第一支雇傭軍團，主要由西班牙加泰羅尼亞人組成，創立者為羅傑·德弗洛爾。

7 帝國第二大城市，位於哈爾基季基半島的西北角，瀕臨塞薩洛尼基灣。曾是古代馬其頓王國的都城，在拜占庭帝國時期的重要地位僅次於君士坦丁堡。

人口就達到了一百萬，現在只剩下不足十萬了。更嚴峻的是，橫跨博斯普魯斯海峽的首都郊區有一大半區域已落入土耳其人之手，而金角灣的佩拉也被熱那亞人控制。帝國最困難（指拉丁帝國末代皇帝鮑德溫二世在位的最困難時期）的時候，不得不將太子交給威尼斯債主作為「抵押」。昔日的大競技場僅剩殘垣斷壁，貴族子弟將它當作馬球場。因此，曼努埃爾二世接手的拜占庭帝國簡直就是一個爛攤子。儘管他想盡辦法尋求外援，依然回天無術——雖然許多歐洲貴族對這位皇帝頗為讚賞，但弱國無外交，能夠給予幫助的國家屈指可數。僅有法國於一三九九年派出了一支一千多人的軍隊向拜占庭帝國提供援助。不過，這等同於杯水車薪。

§

這個帝國就這樣待人宰割了嗎？

一四〇二年，曼努埃爾二世正在尋求歐洲援助的途中，在得知鄂圖曼帝國蘇丹「雷霆」巴耶濟德一世（Bayezid I，一三六〇—一四〇三年）意圖率軍攻占拜占庭首都後，不得不中斷訪問，火速趕回君士坦丁堡。幸運的是，他還沒有回到君士坦丁堡，這次危機就解除了。

原來，來自中亞的帖木兒大汗勇猛無比，他的軍隊在安卡拉戰役中擊敗了土耳其人，並俘虜了巴耶濟德一世。一四〇三年，巴耶濟德一世死於帖木兒營中，群龍無首的鄂圖曼帝國由此陷入了將近二十年的「空位期」。這對拜占庭帝國來說，是一個絕佳的喘息時期。

應該說，帖木兒的介入以及土耳其人內部的爭奪意外地讓君士坦丁堡的陷落往後延遲了半個世紀。然而，聯合歐洲基督徒作戰的可能性已經不存在了，因為一支聯盟軍隊的組建和形成需要恰好的時間點和根本的共識。熱那亞人似乎只關心其商業利益，缺乏一個強權之國應有的長遠眼光，在對待帖木兒和鄂圖曼的問題上採取左右逢源的策略。他們一方面派出大使向帖木兒示好，一方面利用自己的海上優勢，「出動艦隊將戰敗的土耳其將士從小亞細亞運回歐洲」；威尼斯人與熱那亞人彼此不合，前者將後者視為最大的威脅，「要求其東方各殖民地長官嚴守中立」；教廷的形勢也不容樂觀，正處於大分裂時期，教皇與教皇之間相互傾軋，想要聯合基督教徒根本不可能；西歐諸國因百年戰爭的影響，特別是一三九六年尼科波利斯（Nicopolis，是中世紀時期最後一次發動的大規模十字軍東征）戰役的惡劣後果讓他們心有餘悸，加之一四一五年戰端又起，西歐自身的事務讓他們根本無暇顧及拜占庭帝國。

一四二五年，曼努埃爾二世去世，這位皇帝耗費了太多的精力想讓帝國東山再起卻終未實現。一四二一年，鄂圖曼蘇丹穆罕默德一世駕崩後，穆拉德二世（Murad

II，一四〇四－一四五一年）繼位，這時的鄂圖曼帝國已經恢復元氣，國力強盛。根據著名學者格奧爾基．奧斯特羅戈爾斯基（Georgy Ostrogorsky）的觀點，希臘人曾一度看好穆罕默德二世，覺得他雖然是穆斯林，但能與希臘人和睦相處。然而，「希望隨著一四二二年他對君士坦丁堡的圍攻而落空了。雖然對拜占庭首都的進攻未能得手，但他咄咄逼人的勢頭給希臘人造成了如此大的壓力，以至於曼努埃爾二世的第三子安德羅尼庫斯在絕望中將帝國第二大城市塞薩洛尼基賣給了威尼斯人。然而，即使是威尼斯共和國也無力回天，這次交易給了土耳其人藉口，塞薩洛尼基還是在一四三〇年被鄂圖曼帝國攻陷了。之後數年，穆罕默德二世的擴張似乎停止了，不過這短暫的和平能持續多久呢？」[8]。

約翰八世（John VIII Palaiologos）[9]，曼努埃爾二世的長子，他或許做了一個艱難的抉擇：不顧父親的忠告，堅信只有尋求西方的幫助才能挽救這個遲暮帝國。只是，他忘記了父親在尋求他助時受到的冷遇了嗎？約翰八世認為羅馬教廷具備足夠的權威，可以將「一盤散沙的西方天主教諸國號召起來，援救東方的基督教兄弟」。

8　引自史蒂文．朗西曼的《1453：君士坦丁堡的陷落》。
9　一三九二－一四四八年，曾在一四二二年成功抵禦了鄂圖曼帝國蘇丹穆拉德二世對君士坦丁堡的圍攻。

機會來了！一四一八年，在德國康斯坦茨（Constance）會議上選出了教皇馬丁五世，從而結束了長期有兩位教皇對立的時代。托這次大公會議運動[10]的福，約翰八世深知只有「透過某種普世大公會議才有可能使國民接受兩大教會的再次統一」。自一〇五四年東西方教會大分裂後，東正教（即希臘正教）是不承認天主教單方面召開大公會議的。現在，唯有站在普世的角度才有可能讓分裂變為統一，約翰八世決定利用大公會議讓西方的基督教力量融入拯救帝國命運的事業中來。經過漫長的談判，教皇尤金四世（Eugene IV）終於同意邀請拜占庭以代表團的形式前往義大利的費拉拉（Ferrara）進行會商。其實，約翰八世原本打算在君士坦丁堡召開會議，畢竟在帝國都城召開這樣的會議更具有深刻意義，但這一想法遭到了拒絕。一四三八年，拜占庭派出以宗主教（牧首）若瑟為首的代表團前往費拉拉參加「佛羅倫斯大公會議」（基督教第十七次大公會議）。不過，這次會議可謂一波三折，曾兩次更換地方，可見爭執有多激烈。加之瘟疫在費拉拉城蔓延開來，一四三九年，

10 一共有三次，這裡指第二次，即一四一八年在德國康斯坦茨召開的選舉教皇的會議。第一次是一四〇九年召開的比薩會議，但毫無實際性成果；第三次是一四四九年召開的巴塞爾會議，旨在幫助拜占庭帝國抵禦土耳其人的入侵。

會議地點移至佛羅倫斯。

這次會議從本質上講是失敗的，各代表團、神父們就「居先權」的問題就討論了很長時間，彼此鬧得很不愉快——以往的基督教大公會議大都是由羅馬皇帝主持的，具有很高的權威和地位，現在是約翰八世，他是否有這樣的資格享有「居先權」呢？如果享有，那東正教大牧首與羅馬皇帝孰高孰低？此外，在不少問題上也出現了分歧，譬如東西教會對《聖經》正典的認定問題。在激烈的辯論下，讓本來就處於劣勢地位的拜占庭代表極為尷尬。儘管帝國派出了當時非常優秀的學者、神學家，譬如尼西亞大主教特拉布宗的貝薩里翁（Basilios Bessarion）[11]，以弗所大主教馬克·歐金尼庫斯（Mark Eugenicus）、基輔大主教伊西多爾（Isidore）、特拉布宗的喬治（George of Trebizond）……這些都是非常厲害的人物。然而，在拜占庭帝國本身的訴求層面，意味著不能有「固執己見」的言論。因此，一旦出現激烈爭執的局面，約翰八世就不得不以「息事寧人」的姿態出現，可以說，整個拜占庭代表團表現得不盡如人意。最後，東西教會的共融還是被強制（有的是迫於皇帝的壓力，有的是

11　一四〇三—一四七二年，文藝復興時期著名的拜占庭人文主義學者。

因為學術上的互相仰慕等）透過了。

值得注意的是，這次融合存在著一個很大的弊端：表面上看是東西教會融合了，但實際上許多內容，如習俗和宗教觀點還是以天主教為主，而對於教皇與大公會議的關係也沒有做出詳細約定。當拜占庭代表團返回君士坦丁堡，民眾在得知真相後大為惱怒，紛紛進行抗議。而受人尊重的貝薩里翁也因巨大壓力被迫離開拜占庭，心灰意冷的他決定前往義大利隱居[12]。這位一心想拯救帝國的學者的離開，無疑是帝國的一大損失。基輔大主教伊西多爾的遭遇更慘，直接被俄羅斯民眾放逐了。

約翰八世大為苦惱，費盡心思才得到的「成果」竟然得不到民眾的支持。教會的主教格列高利．瑪瑪斯（於一四四五年被皇帝任命）也不受神職人員的待見，在巨大的壓力下不得不前往羅馬避難。母后海倫娜也強勢反對，她本人似乎對兒子與西方聯合的理念不太支持。約翰八世動搖了，不再強行推行與西方聯合的理念，這樣一來拜占庭帝國在宗教和思想上都分崩離析。儘管後來海倫娜減輕了反對的調門，一切已經回天乏術。

12 他本人非常喜歡義大利文化，師承著名的拜占庭學者，柏拉圖主義哲學家格彌斯托士．卜列東。拜占庭帝國滅亡後，他曾盡力援助逃難的希臘同胞，為世人所敬仰。

當然，這次大公會議並非一點作用也沒有。一四四〇年，教皇尤金四世發出倡議組建十字軍，直到四年後，一支由匈牙利人為主的軍隊終於在多瑙河組建起來，統帥是特蘭西瓦尼亞總督匈雅提·亞諾什（Hunyadi János）[13]。

按理說，有這樣一位久經沙場的名將作為統帥，對援助拜占庭帝國是十分有利的。然而，尤金四世派出的特使切薩里尼（Cesarini）竟然強迫匈雅提·亞諾什撕毀與蘇丹訂立的神聖條約，並在作戰方略上橫加干涉。無疑，等待這支十字軍的命運將是失敗。

為了援助拜占庭帝國，教皇尤金拿出自己收入的一部分作為軍資。在他的努力下，威尼斯共和國、拉古薩（Ragusa，今克羅埃西亞杜布羅夫尼克）和勃艮第（Burgundy）等小公國同意援助二十二艘戰船。這支艦隊主要負責保衛海峽的安全。

一四四四年十一月十日，匈雅提率領一支約兩萬人（說法有爭議，另一種說法是三萬人）的十字軍出發了。鄂圖曼帝國則出動了大約四萬到六萬人的軍隊，由蘇丹穆罕默德二世率領。十字軍起初的戰果還是不錯的，攻克了諸如索菲亞這樣重要

13　一四〇六—一四五六年，匈牙利王國攝政，一生戰績輝煌，多次以弱勝強，最著名的戰績是一四五六年在貝爾格勒圍城戰中打敗蘇丹穆罕默德二世，此役後，因感染鼠疫去世。

的城市。隨著冬季降臨，冰雪覆蓋了巴爾幹山間的道路，食物與草料補給十分困難，軍事行動不得不提前中止。鄂圖曼帝國用重金買通熱那亞人，用他們的船隻運送軍隊祕密渡過海峽，在到達東色雷斯地區後與羅馬尼亞軍隊會合。十字軍開始南下多瑙河，計畫在穿越保加利亞東部地區後沿著黑海海岸行軍，最後再與基督徒的艦隊一起聯合行動。

按照原定計劃，行動時間是一四四四年九月一日，但是直到九月下旬軍隊才動身。從戰機來講，很可能已經延誤了。九月十八日—二十二日間，十字軍終於渡過多瑙河。十一月九日，軍隊在瓦爾納（Varna）城堡的城牆下紮營。因中間的時間差，鄂圖曼帝國的軍隊已經占據了有利地形，而瓦爾納城堡的背後就是大海，這就使得十字軍無法實施側翼進攻，甚至連撤退都沒有足夠的空間。最後，十字軍用了整晚的時間來準備第二天的戰鬥。可以說，士兵的戰鬥力已經受到了較為嚴重的損耗。

一四四四年的瓦爾納註定不平靜。如果十字軍勝利了，拯救拜占庭帝國的命運極有可能變得不再坎坷。

匈雅提指揮軍隊率先對鄂圖曼帝國的軍隊發動猛攻。很快，土耳其人就被打散。戰局在一開始就有利於十字軍這一邊。然而，波蘭國王兼匈牙利國王瓦迪斯瓦夫三世（Władysław III，他本人也率領了一支軍隊參與作戰）對眼前的戰局過於樂觀，他沒有等匈雅提回師就貿然率領近衛隊發動擒王衝鋒。這可是五百人對陣一萬人！當國王衝殺到敵方禁衛軍方陣最後一排的時候，他簡直太興奮了——蘇丹穆拉德二世[14]就在眼前，只要能將其陣斬，勝利就在手中了。不過，他可能忘記自己此時已陷入重重包圍之中。就在這關鍵時刻，一名土耳其禁衛軍殺死了他的戰馬，緊接著國王一個趔趄摔倒在地。

戰局就這樣在瞬間轉變了！瓦迪斯瓦夫三世被敵軍砍下了頭顱。當這位年輕國王戰死的消息傳入聯軍陣營後，恐慌無可避免地產生了。史蒂文・朗西曼（Steven Runciman）在《1453：君士坦丁堡的陷落》中寫道：「蘇丹穆拉德二世在黑海之濱的瓦爾納不費吹灰之力，便擊敗了這群烏合之眾。最後一次試圖拯救拜占庭的十字軍也就此煙消雲散了。」

瓦爾納戰役的失敗對拜占庭帝國來說，無疑是雪上加霜。因為，土耳其人在巴爾幹半島的黑海沿岸控制了瓦爾納這座重要海港，這一區域的制海權喪失，意味著教皇尤金費心籌來的艦隊將無法發揮作用，在巴爾幹地區，再也沒有能阻擋鄂圖曼帝

14 穆拉德二世原本已經把帝位傳給兒子穆罕默德二世，自己找地方休養去了，但為了這場戰爭，他又被兒子逼著出山指揮軍隊作戰。

國的力量存在了。

§

一些西方歷史學家認為拜占庭的滅亡是宿命的。吉爾就認為拜占庭的主教金納迪奧斯（Gennadios）等人篤信世界末日將近，所以拜占庭人拒絕聯合西方力量的做法就說得通了。實際上，他們的宿命思想相信敵基督——土耳其蘇丹的統治必將到來。

關於吉爾的主要論述內容，這裡有必要做一些引述：「廣大普通拜占庭人深受僧侶們的影響，以堅持信仰與傳統為榮，以背叛為恥。這是一個宗教氣息濃厚的時代。對多數希臘人來說，塵世的生活不過是彼岸生活的前奏，為了世俗世界的安定而犧牲信仰，玷汙靈魂，這是絕不可接受的。即便國家滅亡，那也是上帝對人間罪愆的懲罰，人們必須坦然以對。在博斯普魯斯潮濕陰鬱的氣候下，似乎希臘人樂觀的天性也被磨滅了。遠在帝國鼎盛時期，先知們早已傳言羅馬的國祚不可能永恆持久。這種基督教的末世論深入人心，以至於人們相信敵基督終會出現，末日審判無法避免。過去人們還堅信君士坦丁堡得到聖母瑪利亞的保佑，不會淪入異教徒之手，如今這份信念也動搖了。與西方『異端』教會聯合的觀念對他們而言既談不上靈魂的拯救，也無力扭轉世界毀滅的命運。」[15]

朗西曼在其著作中的論述同樣為我們提供了一個比較獨特的視角。他認為「信徒們的觀點或許是偏執與幼稚的，然而，一些精明的政治家同樣對聯合疑慮重重。他們中的很多人預期西方國家不能或不願派出足夠強大的部隊與蘇丹的精銳之師抗衡。另一些人，尤其是宗教界人士，則擔心貿然聯合只會引發進一步的宗教分裂。當年十字軍的背信棄義還歷歷在目，如今很多在異教徒統治下的希臘人，僅僅是依靠教會這條紐帶與君士坦丁堡聯繫在一起，一旦試圖與西方教會共融，他們能否贊同是頗為可疑的」。

事實的確如此，拜占庭民眾對帝國的存亡以宿命對待，加之東方的三大宗主教（耶路撒冷、亞歷山大和安條克宗主教）對拯救帝國一事也不積極，甚至還反對。要知道，大部分東正教徒只聽從大牧首的教會，而非拜占庭皇帝的訓令。因此，最尷尬的局面就出現了，拜占庭帝國的民眾是不可能改變宗教信仰去挽救帝國的，東西方基督教的聯合只能成為泡影。這一點，相信約翰八世的父親曼努埃爾二世深有

15 依據史蒂文．朗西曼《1453：君士坦丁堡的陷落》中的轉述，也可參閱狄奧尼修斯．史塔克普洛斯的《拜占庭一千年》。

感觸，他曾勸解兒子不要再走只尋求西方基督力量拯救帝國的老路，但是約翰八世秉持的是罔顧先帝忠告的態度。更深層的問題是，在當時屬於東正教會大牧首領導的眾多大主教中，只有少數幾人在拜占庭帝國的有效統治區域內。換句話說，只要東正教會同意與西方基督力量融合，就意味著大牧首將失去大部分的主教位置。從人性的角度講，大牧首肯定不願意看到這樣的局面出現。最好的解決辦法，也許只有一條路——接受鄂圖曼帝國的統治，確切說是奴役。不過，大多數希臘人又不願意就這樣屈膝向異教徒（穆斯林）投降。這種糾結、複雜的情緒的確讓人很難做出抉擇：是要屈辱地接受穆斯林的統治以保持完整的希臘，還是附屬於西方基督教力量下的支離破碎？

當君士坦丁堡被鄂圖曼帝國大軍重重圍困之際，負責海防段城牆的大公盧卡斯·諾塔拉斯（Lucas Notaras，拜占庭帝國歷史上最後一任海軍大都督）竟然說出這樣的話：「寧要蘇丹的頭巾，不要天主教的教冠（Better the Sultan's turban than the Cardinal's hat）。」據說，諾塔拉斯看到鄂圖曼帝國強行把海軍運到內海後便落荒而逃。由此可見，不僅僅是帝國民眾對拜占庭失望，連上層也是同樣的態度。君士坦丁堡陷落後，諾塔拉斯也成為階下囚。蘇丹曾允許他用財富換取生命，不過很快就食言了，蘇丹決定斬草除根，不給拜占庭重臣後代東山再起的機會。諾塔拉斯一家人全部被處死。

諾塔拉斯的這種意識從某種程度上講，加速了帝國的滅亡。他完全可以依靠帝國海軍的力量堅守下去，即便帝國軍隊在陸地上打了敗仗——實際上，陸戰的戰局比較穩定，鄂圖曼帝國軍隊久攻不下，蘇丹本人也焦頭爛額。海上防禦方面，只要能守住金角灣，君士坦丁堡依靠「希臘火」的巨大威力，完全可以堅守。

不過，誠如在義大利過著「隱居生活」的拜占庭學者，特別是貝薩里翁感受到的那樣，他們雖然不為帝國民眾所容，卻仍盡力援助自己的同胞。他們更為「君士坦丁堡的偏執愚昧感到痛心疾首，他們依然憧憬著與西方國家聯合」。然而，現實是非常殘酷的，在當時的背景下指望以與西方融合的方式給這個遲暮的帝國一劑強心針，為時晚矣。

約翰八世從義大利回國後鬱鬱寡歡。朗西曼在《1453：君士坦丁堡的陷落》中的描述更加符合這位君主的心境與遭遇：「他深愛的王后，特拉布宗的瑪利亞，病於一場瘟疫。他沒有子嗣，而他的兄弟多半在伯羅奔尼撒或色雷斯策劃著反對他的陰謀。他唯一信任的家庭成員只有其母后海倫娜，但後者卻與他政見不合。他盡可能地利用其機智與克制，維持帝國的穩定。他在財政上精打細算以便節省出資金，整修了首都的城牆，後者很快就要面臨鄂圖曼人的嚴峻考驗。當他於一四四八年十月三十一日駕崩時，或許對皇帝而言這真算是一種解脫吧。」

約翰八世一心想勵精圖治挽救帝國，但他可能真的生不逢時，就像明朝皇帝崇禎一樣。

拜占庭帝國的前世今生，宿命也好，拼命挽救也罷，它的陷落早已銘刻在歷史的深處。對歐洲人而言，他們失去了最好的屏障——往後，鄂圖曼人的領土就擴展到他們那裡了。

02

城堡陷落

整個一四五二年年末，穆罕默德二世都在醞釀他的征服計畫。那個冬天寒風凜冽，為了攻下君士坦丁堡，他在哈德良堡（Adrianople，今土耳其埃迪爾內）度過了好幾個不眠之夜。可是，他想不出什麼好辦法，君士坦丁堡城防的堅固是他領教過的。他的老師哈里爾很擔心這位年輕的蘇丹，當然，他可能更擔心自己被蘇丹免職，畢竟，他也沒有什麼好的計畫或者建議。他送上滿盤的金幣，但眼前的這位學生卻將滿盤金幣放在一旁，正色說道：「我不需要你的禮物。我想得到的只有一物，那就是君士坦丁堡。」[16]

穆罕默德二世的這番話，表明了他要征服拜占庭的決心有多麼堅定。可能他覺得鄂圖曼帝國的實力已經非常強大了，擁有兇悍無比、驍勇善戰的將士，就連海上力量也不容小覷了。按照他的理解，帝國已經擁有一支可以爭奪制海權

16 依據史蒂文・朗西曼《1453：君士坦丁堡的陷落》中的轉述。

的海軍了。實際上，鄂圖曼帝國的海軍力量還不能與拜占庭的海軍力量相提並論，如果不是左右逢源的熱那亞人的幫助，鄂圖曼帝國的艦隊是很難拿下金角灣的。他甚至還想到義大利人不會是拜占庭人的堅強後盾，因為他覺得義大利人狡詐多變。況且，君士坦丁堡因宗教紛爭已經陷入分裂，再不對君士坦丁堡發動圍攻，最好的時機就錯過了。

很快，穆罕默德二世就向帝國歐洲諸行省的總督達伊·卡拉賈·貝（Dayi Karadja Bey）下達了命令，讓他召集軍隊。隨後，帝國軍隊襲擊了色雷斯的一些城鎮，讓土耳其人有些意外的是，不少城鎮選擇了投降。隨後，卡拉賈·貝的軍隊向黑海沿岸的城市發動攻擊，這些城市大都選擇了投降，倒是馬爾馬拉的海濱城鎮進行了比較激烈的抵抗，結果城鎮被劫掠後夷為平地。因此，卡拉賈·貝起到的作用之一很可能是讓蘇丹窺測出了拜占庭週邊的力量應該是不足為懼的。但想要徹底拿下君士坦丁堡，還必須要有一支強大的艦隊，並配備烏爾班巨炮從海上發動進攻。

由此可以看出，鄂圖曼人對君士坦丁堡的先期圍攻多以陸路為主。不過，成效不是特別明顯——即便控制了一些能切斷拜占庭補給和增援的陸上要道，拜占庭依然可以依靠強大的海上力量為首都提供補給與增援。土耳其人並非航海民族，很多時候不得不依靠基督徒的艦船運送軍隊。

必須要改變海上弱勢的現狀。一四五三年三月，一支經過精心籌備的龐大艦隊鱗次櫛比地出現在加里波利港，艦船中有一部分是經過維修或改裝的，大部分是在愛琴海沿岸船廠建造的新艦。在船型和性能方面也進行了改良，相較於之前的三列槳戰艦，它吃水較淺，採用兩桅杆搭配風帆；也有二列槳船，它體積更小，只需要一根桅杆。至於大型戰艦，它是寬泛的專屬名詞，但主要指單層大型划槳戰艦，用於主力艦陣列。運輸船實際上多指平底船。總之，這支艦隊配備完善，鄂圖曼帝國花費了重金打造。

對鄂圖曼帝國的艦隊規模存有不同說法。拜占庭方面的歷史學家大多有誇大的嫌疑，這主要是從戰敗者的角度出發，為失敗找到一個「寬慰的理由」。根據旅居君士坦丁堡的威尼斯海軍醫生尼科洛·巴爾巴羅（Nicolo Barbaro）的說法，他認為有十二艘大帆船，七十至八十艘長船，另外還有一定數量的運輸船、單桅帆船和快艇，它們主要用於運輸和聯絡。水手和槳手中有一部分是奴隸及囚犯，更多的是雇傭兵。值得一提的是，這些雇傭兵大都是希臘人，為了高額的報酬竟然甘願參與攻打拜占庭的戰爭，令人憤慨。艦隊司令是保加利亞裔改宗者——蘇萊曼·巴爾托格魯（Suleiman Baltoghlu），他是穆罕默德二世親自任命的，可見蘇丹有多麼重視這支艦隊。根據希臘史學家米海爾·克利托布盧斯（Michael Critobulus）的記載，一四五三年三月末，

「蘇丹的海軍起錨穿越達達尼爾海峽，進入到馬爾馬拉海，這引發了基督徒的恐慌。直到此時，他們才第一次領略了土耳其海軍的強大」。當艦隊在馬爾馬拉海執行任務時，陸軍也在色雷斯集結完畢。這支陸軍的裝備也很精良。

整個冬季，鄂圖曼帝國都在進行高效的備戰。帝國的工匠們夜以繼日打造盔甲、標槍和弓箭等各種武器；各個行省的總督也積極調動軍隊；大量輔助人員也加入了進來。據說，用於作戰的陸軍人數達到了三十萬到四十萬人，不過，希臘人應該是誇大了人數。威尼斯人的估算是十五萬。比較客觀的說法是十萬人，其中包括八萬正規軍、兩萬輔助兵。

為了攻打堅固無比的君士坦丁堡，鄂圖曼帝國裝備了一種新式武器——重型火炮。穆罕默德二世敢於一四五三年進攻君士坦丁堡，其中最重要的原因是擁有了這種先進武器（根據德國地理學家塞巴斯蒂安．明斯特爾的說法，大約在一百多年前，一個名叫貝托爾德．施瓦茨（Schwarz Berthold）的日爾曼修道士發明了火炮），繼而可以組建重炮部隊。雖然之前也有火炮，但威力不盡如人意。在日耳曼人一三二一年攻打北義大利城市奇維達萊（Cividale），英格蘭人圍攻加來的戰爭中，火炮的表現並不令人滿意，難以對堅固的城防造成足夠的破壞。一三七七年，「威尼斯人曾經嘗試在海戰中使用火炮以對抗熱那亞」，由於戰艦無法安裝重型火炮，輕型火炮對艦船的殺傷力明顯是不夠的。因此，在較長的一段時期裡，火炮多用於陸戰，尤其是野戰中驅散對方軍隊或者破壞輕型防禦工事。

那麼，是什麼原因讓穆罕默德二世相信火炮的攻城效果了呢？根據德國歷史學家弗朗茨·巴賓格爾（Franz Babinger）[17]的說法，蘇丹寵信的私人醫生雅各博（Jacobo），一名來自加埃塔（Gaeta）的義大利猶太人，讓他相信科學的力量，並相信火炮的重要性。在他登上帝位之初，就命令帝國的兵工廠研製重型火炮。

因為寵信一位私人醫生，繼而相信火炮的攻城效果，這說法是否準確？由於弗朗茨·巴賓格爾選取的是大量原始史料，應該具有較大的可信度。在他的作品《征服者穆罕默德和他的時代》中曾提到穆罕默德二世有同性戀傾向，且是被「明確記載的」。這本書寫於一九五〇年代，同性戀的話題還是比較禁忌的。因此，他沒有詳細描述，不過書中有不少與之相關的故事，寫到這位穆罕默德二世對奴隸、僕人和貴族的男人有欲望。根據希臘歷史學家杜卡斯（Dukas，約一四〇〇—一四六二年）的描述，在君士坦丁堡陷落後，拜占庭帝國的海軍都督盧卡斯·諾塔拉斯全家被俘。

17　一八九一—一九六七年，主要作品有《征服者穆罕默德和他的時代》。

有一天，穆罕默德二世喝得酩酊大醉。他在酒精的刺激下荷爾蒙膨脹，命令諾塔拉斯交出十四歲的兒子，以滿足自己的欲望。作為父親，諾塔拉斯絕對不能答應這樣無理的屈辱要求，於是大為震怒的穆罕默德二世就派殺手去殺他全家。當殺手屠光了諾塔拉斯家的所有男性後，「撿起首級，返回到宴會上，將它們獻給那嗜血的野獸」。當然，這樣的描述是存在一些問題的。真相應該是如前文述及的那樣，穆罕默德二世不能讓拜占庭帝國的重臣後代東山再起，所以斬草除根。但根據鄂圖曼帝國的史料，諾塔拉斯的兒子被招募為近侍，主要在宮內侍奉皇室，而不是為了滿足蘇丹的性欲。不過，穆罕默德二世的確喜歡在作戰中俘獲美貌的男子，以供自己取樂，同樣，他也喜歡擄掠年輕美貌的女子。無論怎樣，這位蘇丹皇帝相信了他寵倖的私人醫生雅各博的建議。[18]

負責建造重型大炮的是一個叫烏爾班（Urban）的匈牙利人。大約在一四五二年夏季，他在哈德良堡開始鑄造第一門巨炮。饒有戲劇性的是，在這之前烏爾班曾經去過君士坦丁堡，希望皇帝能支持他的發明創造。可惜，經濟已然破產的拜占庭帝

18 相關內容可參閱羅傑・克勞利的《1453：君士坦丁堡之戰》。

國未能特別重視他，只給他一些生活費用，有時甚至未按時給付。造大炮所需的原料也非常短缺，於是生活拮据的烏爾班離開君士坦丁堡前往鄂圖曼帝國的都城，並見到了穆罕默德二世。

希臘歷史學家杜卡斯描述了兩人見面的場景。蘇丹希望能製造出一種可以拋射足夠大的石彈武器，用以摧毀君士坦丁堡堅固無比的城牆。烏爾班回答說：「如果陛下需要的話，我可以鑄造一門能夠發射這種石彈的銅炮。我對城牆做了仔細觀察。我的大炮不僅能把這些城牆炸為齏粉，巴比倫的城牆也不在話下。鑄造這樣的大炮所需的工作，我是完全勝任的。」穆罕默德二世聽後頗為欣喜，當即表示願意支持他的研發工作，提供一切所需，並給予他非常高的薪酬。[19]

烏爾班發明的巨炮在一四五二年十一月的一次炮擊中表現不俗，摧毀了一艘大型槳帆船（指威尼斯商船被檢查事件，下文有述）。穆罕默德二世對這結果頗為滿意，就命令烏爾班將現有火炮的尺寸翻一倍，鑄造一門更為巨大的大炮，於是這樣的巨炮生產得更多了。據說，這種巨炮長達二十六英尺八英寸（一英尺≈〇．三公尺，

19 參閱羅傑．克勞利的《1453：君士坦丁堡之戰》。

一英寸≈二・五四公分），大約相當於八公尺，炮彈重量重達一千兩百磅（一磅≈四百五十三克）。[20]

巨炮問世和其強大的破壞力讓君士坦丁堡的居民不寒而慄。不過，皇帝本人積極鼓勵民眾，並募捐到一筆錢——威尼斯人提供了不少捐助，還有一些教會、修道院和個人也解囊相助。有了這筆錢，就可以對城堡進行加固了。

面對來勢洶洶的鄂圖曼帝國大軍，拜占庭帝國末代皇帝君士坦丁十一世（Constantine Palaiologos）[21]已經竭盡全力。

一四五二年秋，他派出使節前往義大利尋求援助，然而得到的回答卻令人絕望。朗西曼在《1453：君士坦丁堡的陷落》中寫道，威尼斯人經過慎重考慮，回覆說：「我們對東方的危機深表憂慮，如果教皇國和其他國家願意出兵干預，那麼威尼斯也同意合作。」

這句話的深層含義，不就是在拒絕嗎？明知道教皇國和其他國家不可能一致同意出兵進行援助，這樣的說辭自然是讓人鬱悶的。不過，君士坦丁堡方面仍沒有放棄，

20 另一種說法是一千五百磅，與之相關的詳情可參閱羅傑・克勞利在《君士坦丁堡的火炮》一文中的描述。
21 一四〇五—一四五三年，約翰八世的弟弟。

力圖說服威尼斯人伸出援助之手。他們在等待鄂圖曼帝國的艦隊「誤傷」或者「出於某些敵意」擊沉威尼斯的商船，這樣威尼斯就有理由出兵了。然而，真的得到了這樣的情報後，威尼斯人也沒有下定決心採取斷然行動。就在十一月二十五日，威尼斯的商船被鄂圖曼帝國魯梅利要塞（Rumeli Fortress）的岸炮擊沉。鄂圖曼帝國要求所有經過博斯普魯斯海峽的船隻必須在土耳其要塞前停靠，並接受檢查。威尼斯人的商船拒絕檢查，隨後船隻被岸炮擊沉，被俘虜的船長及船員全部遇害，船長安東尼奧．埃里佐（Antonio Erizzo）死狀極為恐怖，土耳其人對他施以穿刺之刑，並被放置路邊示眾。此次事件引起極大的國際反響，威尼斯召開了緊急會議，經過激烈辯論，最終以74：7的絕對多數同意向拜占庭施以援手。不過，威尼斯能做什麼呢？它如何施以援手？與倫巴底（Lombardia）的戰事正弄得它焦頭爛額，總不能與宿敵熱那亞聯手吧！

拉古薩[22]，這個與威尼斯一樣在拜占庭享有商業特權的盟友，除非西方聯盟願

22　位於亞得里亞海濱、杜布羅夫尼克地峽的頂端。曾為匈牙利王國的附屬國，君士坦丁堡陷落後，這個公國與鄂圖曼帝國關係相處融洽。這緣於拉古薩人高超的政治手腕，他們在扮演中立角色的同時還能成為教皇的被保護人和蘇丹的封臣。從結果來看，拜占庭指望拉古薩的救援幾乎是不可能。

意出兵援助，否則以它的實力斷然不敢得罪土耳其人。在熱那亞，拜占庭的使節也做著渴求援助的努力，得到的回覆讓人無語，對方只同意援助一艘戰艦，同時願意替拜占庭向法國和佛羅倫斯共和國乞求援助。顯然，這也是一種托詞，熱那亞人如果真心想幫助拜占庭人，怎麼會才同意援助一艘戰艦，又在私下裡幫助鄂圖曼帝國呢？

教皇尼古拉斯五世（Pope Nicholas V）[23]雖然表示自己願意幫助拜占庭，可他卻說「在確認拜占庭與天主教會共融產生之前，他不願意全力以赴」。事實上，就算他全力以赴，依然起不了什麼作用，離開了威尼斯的支持，他可能什麼都不是（在援助拜占庭帝國的問題上，他是願意施以援手的，他打算向西歐收取什一稅，然後資助十字軍，以便幫助拜占庭人，然而歐洲各國大多不聽從他的命令。倍感心寒的他，也只能愛莫能助了）。加之，他忙於羅馬一四五三年一月爆發的民眾叛亂，哪有時間和精力考慮國外的事務！

23 一三九七—一四五五年，文藝復興時期的第一位教皇。一四四七年二月尤金四世病死後，在一批學者的支持下當選教皇。人們給予他的評價大都說他是一位寬容的教皇，就算晚年多次遭人暗殺，他也表示原諒。

而可惡的金納迪奧斯，他本人還是拜占庭的主教，卻發放傳單，大聲疾呼，不顧一切地告訴人們「千萬不要為了虛無的援助而玷汙自身信仰」。他的這一行為，獲得了一批支持者。[24]

那不勒斯國王阿方索倒是願意支援拜占庭，因為君士坦丁堡有加泰羅尼亞商人——這也是他的臣民。國王給出了許多美好的承諾，實現的卻很少。好不容易派出了一支由十艘船組成的艦隊前往愛琴海聲援拜占庭，後來卻因忌憚熱那亞的反應將艦隊召回，實在是讓人大跌眼鏡。

俄羅斯大公鞭長莫及，指望他也是徒勞。

最有可能給予支持的匈牙利王國，其攝政胡尼奧迪如果出手援助也是一股力量。可惜，經歷瓦爾納戰役的大敗後，這個國家元氣大傷，還未恢復。

唯一答應提供幫助的只有西西里一帶的一些小國，他們同意提供糧食援助。

看來，拜占庭人只能靠自己保衛都城了。

24 相關內容可參閱狄奧尼修斯·史塔克普洛斯的《拜占庭一千年》。

§

難道就沒有其他力量願意為拜占庭提供援助嗎？

一四五三年三月末，尼古拉斯教皇自費購買了一批食物，並招募了一批士兵，用三艘熱那亞的船將其運往君士坦丁堡。君士坦丁堡城中的威尼斯租界對拜占庭給予了全力支持，威尼斯大使吉羅拉莫·米諾托（Girolamo Minotto）表示，他將與拜占庭共存亡，並協助守城，絕不允許任何一艘威尼斯船離開都城。他還專門去信求援，得到了兩位威尼斯船長的回應，他們是加布里埃萊·特雷維桑（Gabriele Trevisan）和阿維索·狄多（Alviso Diedo），其中後者剛從黑海返航停泊在金角灣。在克里特（威尼斯殖民地），那裡的長官也表示願意援助，將六艘威尼斯船與三艘克里特船全部改裝為戰艦，並加入了拜占庭艦隊。正如加布里·特雷維桑向威尼斯呈報的那樣——這是為了「上帝與基督徒的榮耀」。另外，留守在君士坦丁堡城中的威尼斯家族——科爾納羅（Cornaro）、莫切尼戈（Mocenigo）、韋涅爾（Venier）等，他們也表示會給予力所能及的支持。在眾多熱心人士的努力下，威尼斯特許拜占庭可以在克里特招募雇傭兵。

君士坦丁堡城中的加泰羅尼亞商人——他們同樣在都城有租界——其領事佩雷·朱里奧動員了一批水手加入拜占庭艦隊。就連流亡到君士坦丁堡的鄂圖曼王子奧爾汗及其家族也表示要為守城盡一份綿薄之力。

為了讓熱那亞商人輸送糧食到君士坦丁堡，君士坦丁十一世以免稅特惠的豐厚條件作為回報。然而，回應者寥寥無幾，熱那亞嚴格遵守所謂的中立態度。

實際上，熱那亞在歐洲也自顧不暇，政府雖然發布了幾封號召抵抗鄂圖曼帝國的文告，卻是「雷聲大，雨點小」，隨後就沒有下文了。其中的原因主要在於熱那亞人要保住佩拉殖民地和黑海沿岸的殖民地，不能得罪土耳其人。佩拉大區的長官甚至被告知必須採取一切手段取悅土耳其人，在君士坦丁堡陷落後也要盡可能地與土耳其人搞好關係，絕不能挑釁他們。這樣的指令也傳達到其他殖民地區。

面對嚴峻的局面，君士坦丁十一世在國務祕書喬治·斯弗蘭采斯（George Sphrantzes）的建議下，任命伊西多爾[25]為君士坦丁堡大牧首（格列高利辭職後，大牧首一直空缺）。但是，皇帝本人心裡應該清楚，這個人未必能有什麼實質性的幫助。因為，那個可惡的金納迪奧斯繼續作祟，當伊西多爾帶著一支規模不大的雇傭軍即將來到君士坦丁堡時，他特意做了一番慷慨激昂的演講，號召人們不要為了外界所

25 前基輔大主教，希臘人後裔，威尼斯教皇起用他成為天主教會主教，以教皇特使的身分於一四五二年五月前往君士坦丁堡。

謂的一點點援助而放棄世代相傳的信仰。當雇傭軍到來時，他害怕極了，趕緊躲到大教堂內，並在教堂大門口貼出提醒人們的告示。拜占庭的重臣盧卡斯．諾塔拉斯親自出面勸說他應該以帝國命運為重，他依然固執己見。在金納迪奧斯的影響下，城內竟然發生了暴動，這對拜占庭來說無疑又是一個沉重打擊。

即便如此，伊西多爾還是盡力在為共融做著努力。一四五二年十二月十二日，在聖索菲亞大教堂舉行了慶祝東西方教會共融的神聖彌撒——之前，君士坦丁十一世迫於鄂圖曼帝國在博斯普魯斯海峽歐洲海岸線一側阿索瑪頓（位於今天土耳其伊斯坦堡城外貝貝克一帶）修建的魯梅利要塞（於一四五二年八月竣工）造成的可怕威脅[26]，同意了西方基督教幾乎所有的要求。皇帝和宮廷人員都參加了這次共融禱告，除了金納迪奧斯等八位神父拒絕到場。不過，根據伊西多爾的說法，多數希臘民眾對東西聯合表現出的只有容忍，沒有絲毫熱情。到後來，甚至沒有什麼人願意進入索菲亞大教堂了，著實讓人感慨。對於這樣的尷尬局面，有一種說法是皇帝本人似乎也不是太熱情，只是走了個形式；還有一種說法是，拜占庭重臣盧卡斯．諾塔拉

26 要塞距離君士坦丁堡北面六里，對扼守海上重要航線有著極其重要的作用，要塞配備了三門巨炮，能對可控制海域實施有效打擊，土耳其人驕傲地把它稱作「割喉之刃」。

斯說了那句關於頭飾的重要言論，即「寧要蘇丹的頭巾，不要天主教的教冠」這番話太傷人心了。不過，事情的真相可能是盧卡斯．諾塔拉斯在看到不少民眾的漠不關心、消極情緒後十分生氣，不懂得語言的表達技巧，從而說出了這番話。

這次禱告也並非一無所獲，至少再也聽不到公開反對共融的聲音了，那個可惡的金納迪奧斯也不再發聲了，處於隱居狀態。但西方力量真的會因為皇帝的妥協而派出援兵嗎？事實上，他們大都爽約了。

當鄂圖曼帝國大軍向色雷斯進發時，君士坦丁十一世祕密安排國務祕書喬治．斯弗蘭采斯對君士坦丁堡全城可參戰的男丁數量做了調查。其結果讓人痛心——全城可參戰的希臘男性居民只有四千九百八十三人，這裡面還包括了修士，外國人大約有兩千人。也就是說，皇帝辛辛苦苦的努力，最終真正能派上用場的不足七千人，而七千人要對抗超過十萬的鄂圖曼帝國大軍。

君士坦丁堡，岌岌可危！

§

一四五三年四月二日，星期一，君士坦丁堡迎來了第一場保衛戰，主動出擊的守軍成功地擊退了第一支敵軍，並給敵軍造成不少的傷亡。隨著敵軍人數越來越多，守軍不得不退回城內。君士坦丁十一世下令封鎖城門，堅守不出，並摧毀了護城河上的吊橋，在金角灣布下巨型鐵鍊封鎖港口。鐵鍊的一端固定在君士坦丁堡的歐根尼烏斯塔上，另一端則固定在熱那亞佩拉地區的加拉塔海牆上。為了加強這一防禦工事，由熱那亞工程師巴爾托洛梅奧・索利戈（Bartolomeo Soligo）負責設計的木質浮桶也布置在了海灣上。

陸上的戰局相對比較穩定，儘管鄂圖曼帝國軍隊兇悍無比，並利用巨炮對城牆進行了炮擊，但堅固的城牆還是承受住了——有一部分城牆受損，很快就被修復了。而且即便陸上戰況不利，只要能死守住金角灣，君士坦丁堡或許還是能夠轉危為安的。

朗西曼在《1453：君士坦丁堡的陷落》中描述道：「君士坦丁堡城區大體是一個不太規則的三角形半島。陸上城牆自金角灣的布雷契耐區開始，直至瑪律馬拉海邊的斯塔迪昂區，城牆形狀略微中凸，全長約四英里。金角灣城牆全長約三・五英里，從布雷契耐至阿克羅波利斯角大體呈中凹狀。由阿克羅波利斯角到斯塔迪昂區的城牆總長約五・五英里，大體按照半島突出部的形狀沿海修建，經博斯普魯斯海峽迂回至馬爾馬拉海濱。從金角灣至馬爾馬拉海峽的城牆為單層城牆。馬爾馬拉海一側城牆共有十一道城門及兩座設防小型港口，後者用於容納因逆風無法進入金角灣的小型船隻。金角灣數百年來形成的海灘上現在已密布各種貨棧、倉庫，這一側城牆共有十六道大門以方便貨物流通。在西側，為了保護易受攻擊的布雷契耐區，約翰六世開鑿了一條流經整個布雷契耐城牆的護城河。海牆得到了很好的維護，它相對較少受到攻擊——雖然一二〇四年十字軍攻陷君士坦丁堡正是從金角灣海牆入手，但這需在完全取得制海權的前提下才可能發生。在城市東側的突出部一帶水流湍急，敵人難以靠岸登陸，何況這裡的工事還得到了馬爾馬拉海一系列淺灘、礁石的掩護。」[27]

用固若金湯來形容君士坦丁堡的防衛是非常恰當的，因此鄂圖曼帝國發動了一些攻擊，但收效甚微。穆罕默德二世曾給出投降不屠城的條件，君士坦丁十一世拒絕了，他以及他的臣民大都相信土耳其人會食言。事實的確如此，君士坦丁堡陷落後，穆罕默德二世允許士兵對都城屠掠三天，士兵們可以完全憑藉自己的喜好任意對城中所有人、所有財產（有重要價值的得上交給蘇丹）進行處置。就連流亡到君士坦丁堡的鄂圖曼王子奧爾汗也未能倖免於難。王子穿上一套希臘修士服，試圖喬裝逃

27 更多的相關內容也可參閱瓦西列夫的《拜占庭帝國史》。

生，卻被一名被俘的同伴揭發，隨即被斬首示眾。婦女兒童、老人病弱慘遭屠殺、凌辱，整座都城哀號不絕。當穆罕默德二世騎馬經過奧古斯塔廣場看到眼前的慘狀，或許是因為觸景生情，也或許是心生了一絲善念，低吟起波斯詩人阿弗沙布（傳說中的圖蘭國王，圖爾人是古波斯民族的一支）的詩句：「蜘蛛在凱撒的宮殿中織網，梟鳥在阿弗沙布的城堡上挽歌。」當黑色餘燼散盡，如廢墟一般的君士坦丁堡記載著一段悲愴的歷史，穆罕默德二世囁嚅著說：「我們竟將如此一座城市置於洗劫和破壞的境地！」[28]

一定要誓死一搏！君士坦丁十一世拒絕投降絕對是正確的——無論投降與否，只要城破，結局都是一樣的。皇帝親臨戰場，為守城將士鼓舞打氣。那一刻，所有的將士還有民眾均拋棄了之前的隔閡，彼此間或許從來沒有像現在那樣聯結在一起，與城同在的決心是如此堅定。

從海權角度來講，金角灣實在太重要了，土耳其人也明白這一點。四月六日清晨，由扎加諾斯帕夏（Zaganos Pasha，海軍將領）為統帥的一支軍隊出現在金角灣

28 史蒂文·朗西曼的《1453：君士坦丁堡的陷落》。

北岸，這支軍隊出現的戰略意義在於監視並威懾佩拉地區的熱那亞人，確保他們的中立態度不會變卦。巴爾托格魯的海軍艦隊的任務主要是封鎖港灣，切斷君士坦丁堡的海上補給，並攔截一切企圖靠岸的船隻。如果可能的話，可以嘗試突破金角灣的鐵鍊防線。

圍攻十天後，沒有什麼進展，蘇丹為他增派了十艘裝備重炮的戰艦。巴爾托格魯的指揮部設在博斯普魯斯港口雙圓柱附近（大約在今天的多爾瑪巴赫切宮）。黃昏時分，夕陽映照在海面，散發出動人的光芒。在重炮的輪番炮擊下，君士坦丁堡查瑞修斯門的一段城牆遭到了嚴重破壞。第二天炮擊繼續進行，導致該段城牆幾近為廢墟，每當入夜時分，人們就自發地快速將其修復。

大約在四月九日，蘇丹命令艦隊司令巴爾托格魯對金角灣進行試探性進攻，以測試敵方的防禦能力。這次試探性的進攻失敗了，巴爾托格魯決定將黑海的分艦隊調來，待這支分艦隊到來後再伺機進攻。

四月十二日，黑海的分艦隊到來，巴爾托格魯下令向金角灣的鐵鍊發起進攻。當艦隊靠近停泊在金角灣的拜占庭艦隊後，立刻發動了猛烈攻擊——一陣陣箭雨飛速落下；艦炮轟鳴的同時，土耳其人用燃木擲向敵艦，隨後，他們拋出鐵索與梯子試圖登船作戰。

這一系列的作戰收效甚微：重炮轟擊對拜占庭的巨型艦隻幾乎沒有什麼作用；投擲燃木有一些效果，但很快就被經驗豐富的水手用水桶澆滅了；試圖跳幫作戰更不可能，敵我雙方的距離還沒有達到可以進行接舷戰的有效距離。

拜占庭艦隊能如此輕鬆應對，除了依靠金角灣鐵鍊的庇護，還在於得到了拜占庭海軍司令諾塔拉斯的及時增援，以及艦隊官兵的相互協作。

是時候給予還擊了！拜占庭艦隊的弓箭手在高聳的桅鬥（桅杆上的瞭望台）上射出箭矢，投擲標槍，投石機拋出的石塊紛紛砸向敵艦。這些武器的命中率遠遠高於土耳其人，土耳其人儘管打造了一支龐大的艦隊，但缺乏實戰經驗。往後，他們會在勒班陀海戰中品嘗到這樣的惡果。傷亡在增大，巴爾托格魯不得不鳴金收兵，帶領艦隊撤退到雙圓柱附近。拜占庭艦隊乘勝出擊，主動打開鐵鍊完成了一次逆襲，給敵方戰艦造成了更大的損失。蘇丹在得知戰敗的消息後，頓時感覺到顏面盡失，艦隊可是開到拜占庭家門口去作戰，竟然占不到一絲便宜。

穆罕默德二世努力地思考解決之法，面對拜占庭人的巨型艦，不是巨炮的威力不夠，而是瞄準方式需要調整。他命令鑄造廠的工程師改變火炮設計，重新計算火炮的彈道。儘管難度很大，但帝國人才濟濟，工程師們解決了問題，經過改良的大炮放置在加拉塔灣，炮彈射程增加了不少，命中率同樣得到了提高——擊中了一艘拜占庭的戰艦，給這艘戰艦造成了嚴重損傷。為安全起見，拜占庭艦隊退回金角灣鐵鍊後面，依靠熱那亞佩拉地區的庇護。

海上補給對君士坦丁堡的守衛具有重要作用，它能提供用於作戰的兵員和食物等，可以說這是都城保衛戰的重要一環。一四五三年四月的前半個月，君士坦丁堡附近的天氣都不算好，一直刮著北風。教皇派出的三艘滿載士兵和糧食的船隻能停在希俄斯島。四月十五日，風向突然轉北。這是一個絕佳的航行時機，三艘船立即揚帆駛向達達尼爾海峽。當行駛到海峽入口的時候，正好遇見一艘從西西里採購糧食回來的拜占庭運輸船，於是這四艘船一同前行。由於土耳其的全部海軍力量都用於封鎖君士坦丁堡一帶去了，達達尼爾海峽門戶大開，沒有任何防備，四艘船安全行駛到馬爾馬拉海。四月二十日那天是星期五，早晨，四艘船正從海上接近都城。君士坦丁堡海牆段的守軍特別高興，他們盼望已久的補給終於快到家門口了。很快，土耳其人也發現它們了，並將消息立刻呈報給蘇丹。

穆罕默德二世激動萬分，趕緊翻身上馬來到艦隊司令巴爾托格魯的駐地雙圓柱附近。這一次他要親自坐鎮督戰，並向巴爾托格魯下了死命令：絕對不允許這四艘船抵達君士坦丁堡，要麼俘獲它們，要麼擊沉它們，如果失敗，必將給予艦隊司令最嚴厲的懲罰。

一場激烈的殊死之戰即將開始！

§

巴爾托格魯放棄了使用風帆戰艦的打算。當時，巴爾托格魯的艦隊位於拜占庭艦隊以北，而海上正刮著南風。也就是說，前者的艦隊處於逆風位置，採用風帆戰艦作戰航速會受到影響，改用划槳戰船圍剿拜占庭戰艦是比較明智的選擇。為了增大勝算，蘇丹特意增派了自己的精銳士兵登艦助戰，艦船上配備了一些火炮和精良的護甲。大約兩三個小時後，巴爾托格魯的艦隊千槳並進。

如果龐大的艦隊只是為了去捕獲那少得可憐的戰利品，足見蘇丹要攻下君士坦丁堡的決心。土耳其人抱著極大的信心向敵艦駛近。那四艘船不可能坐以待斃，遂加速行駛。直到下午早些時候，巴爾托格魯的艦隊才追上敵艦。此時，後者已經駛過君士坦丁堡東南角，這樣的速度是土耳其人的艦船無法比擬的。巴爾托格魯站在旗艦上高聲命令敵方投降，那四艘船則置若罔聞。他們怎麼可能投降呢？這可是重要補給啊！巴爾托格魯惱怒萬分，立即命令艦隊包圍它們。

海上的風浪更大了，在這樣的天氣下划槳，作戰難度可想而知。那四艘船裝備精良，船上的作戰人員在甲板、船頭、船艉、桅鬥，以及一切能射箭的位置向敵艦發射，一時間箭如雨下。標槍和投石機的有效使用，也給敵方造成較大傷害。因此，海面上出現了這樣的場景：巴爾托格魯的艦隊根本傷害不到那四艘船，只能寄希望在接舷戰或者使用燃木上。在近一小時的戰鬥中，如果不是巴爾托格魯在艦船數量上占據絕對優勢，恐怕早已落敗了。當四艘船抵達阿克羅波利斯角附近時，海上的勁風突然停止了。

戰局就這樣在瞬間發生變化了！四艘船的風帆只能無力地低垂，這對航速的影響很大。之前刮著的南風已經停了，從博斯普魯斯海峽向南的海流撞到了海角上，然後海流就向北回流。真是遺憾啊！那四艘船幾乎可以觸到君士坦丁堡城牆了，因為回流，只能無奈地飄向蘇丹督戰的海岸。

局勢萬分危急！

對巴爾托格魯而言，他簡直要大大鬆口氣了，甚至覺得勝利現在已經唾手可得。鑒於拜占庭的戰艦火力威猛，他不敢讓自己的艦隊靠得太近，只是讓艦隊包圍它們，並拉開一定距離，用不斷發射炮彈和火矛的方式削弱敵方，待敵方武器消耗殆盡時再發動接舷戰。然而，他的這一策略並未奏效。於是，他再次改變戰術，對四艘戰艦中最弱的那一艘發動圍攻。

此時，觀戰雙方，無論是蘇丹及隨從一行，還是君士坦丁堡中沒有參加衛城之戰的民眾，他們的心都提到了嗓子眼。現在，海面上的情景是這樣的：五艘鄂圖曼帝國戰艦對付一艘拜占庭戰艦，三十艘大船包圍另一艘拜占庭戰艦，四十艘運輸艦對付剩下的二艘拜占庭戰艦。但是，土耳其人居然仍無法取得勝利，因為敵方戰艦上的人員個個經驗豐富，身披重甲，就算火矛引發的火災他們也能迅速用水桶澆滅。這四艘拜占庭艦船並不是純粹的戰艦，畢竟是用於運輸補給的，但土耳其人可能忘記了拜占庭帝國擁有一種厲害無比的利器——「希臘火」。這種武器曾多次挽救帝國即將滅亡的命運，現在它依然會在關鍵時刻發揮作用。

巴爾托格魯的艦隊將四艘拜占庭艦船團團圍住，也會給自己帶來一些弊端。他們使用的是划槳船，在相對有限的空間裡划槳難免會發生糾纏，加之敵艦勇敢還擊，令土耳其人傷亡慘重。然而，土耳其人是出了名的驍勇，就算死傷慘重，依然前仆後繼——大概也有蘇丹親自督戰的原因。場面太慘烈了！海面上殺聲震天，血光、火光耀眼。巴爾托格魯絕不可能放棄即將到手的獵物，他的部下一波又一波地湧向敵艦，試圖登艦利用刀斧砍殺——這是他們陸上作戰的強項之一。那 四艘船開始顯得有點應接不暇了，於是他們果斷地起錨合併成一列。

戰局在此刻又發生變化了！

四艘艦船並成一列，形成一道堅固的防線，彼此間也可以照應。督戰的蘇丹坐立難安，他不斷地對將士進行鼓勵，也不斷地咒罵，更不斷地對艦隊司令巴爾托格魯下達著各種指示。又愛又恨的情緒在蘇丹的心裡翻騰著，有時候他覺得巴爾托格魯是他的愛將，有時候他覺得巴爾托格魯愚蠢無比。心急如焚的蘇丹甚至躍馬至淺灘，彷彿要親自投入戰鬥，直到長袍被海水浸濕，他才有所察覺。

夜幕臨近，那四艘船的船身已經傷痕累累了。船上所有人員倍感疲倦，但他們依然堅持著，保持著很好的作戰狀態，他們知道這場海戰對他們的國家意味著什麼，而蘇丹不停地派出新生力量發動攻擊。當太陽西沉的時候，海上突然起風了，而且正是拜占庭人需要的北風。於是，原先下垂的風帆再次鼓動起來，那呼呼的海風聲多麼悅耳！四艘船立刻發動衝擊，殺出一條血路，向金角灣的鐵鍊快速駛去。夜幕降臨，天色昏暗，巴爾托格魯的艦隊再也無力發動攻擊了，航海技術還不熟練的他們，顯然無法在這樣的環境裡再有什麼作為了。蘇丹暴跳如雷，對巴爾托格魯破口大罵，但是，他又能做什麼呢？只能讓艦隊撤回到雙圓柱附近。

拜占庭人打開了鐵鍊，特雷維桑帶領三艘戰艦主動出擊，所有土耳其艦隻彷彿如臨大敵，擺出防禦陣勢。不過，他們顯然被欺騙了，特雷維桑的用意在於讓那四艘船快速進入安全區。

這場勝利鼓舞人心，拜占庭一方欣喜若狂。他們得到了渴望已久的補給，也給了土耳其人以沉重打擊。他們甚至聲稱擊斃敵方一萬到一萬兩千人，而自己幾乎無一損失。不過，根據喬治・斯弗蘭采斯的說法，這場海戰土耳其人陣亡大約一百人，受傷人數超過三千；拜占庭方面，陣亡二十三人，約半數船員受傷。這樣的比例，以及海戰結果帶來的影響，無疑彰顯了拜占庭高超的航海技藝以及海上作戰的能力。

蘇丹憤怒無比的心情是不言而喻的，他堅決執行那道死命令，先是當著眾人的面斥責巴爾托格魯，然後下令將他斬首。對巴爾托格魯來說，這場海戰的屈辱感在於用盡了全力竟然沒有獲勝，而且自己還被投石機擊中，身受重傷。蘇丹的威嚴是不容侵犯的，儘管有眾將士為巴爾托格魯求情，他依然給予了這位得力幹將嚴厲懲罰——罷免巴爾托格魯艦隊司令、加里波利總督的職務，沒收其全部財產，施以了讓人皮肉開花的杖刑。這個曾為帝國立下汗馬功勞的人物，最終落得窮困潦倒過完一生的結局。

鄂圖曼帝國艦隊的新司令是哈姆扎・貝（Hamza Bey）。之前試圖直接攻破拜占庭海上防線的策略已經不起作用了，如何解決這個問題，成為蘇丹眼下最頭疼的事。據說，他是在義大利顧問（也有一種說法是用重金收買了熱那亞商人）的提醒下找到了解決之法：採用陸路運送船隻。在一四三八年的倫巴底戰爭中，「威尼斯人利用放置滑輪的平臺將整支艦隊經陸路由波河運至加爾達湖（Lago di Garda）」。那麼，這個方法適合在金角灣使用嗎？倫巴底戰爭中，當地的地形較為平坦，而金角灣的地形是斜坡——從博斯普魯斯到金角灣需翻越一座六十公尺高的小山。因此，這絕對是一個不小的挑戰，用於作戰的艦船數量多、體形較大，而且還要在拜占庭人不知曉的情況下悄然進行。早在圍城之初，蘇丹已經命令工程師開鑿了一條通道（拜占庭人把這裡稱作泉源河谷，現在被命名為卡瑟姆帕夏），這條通道跨度較大，從托普哈內區穿過山谷直達今天的塔克西姆廣場，然後向左順勢而下經過今天的英國大使館進入金角灣。這條通道原本是「方便與雙圓柱附近的海軍基地聯繫的，此時卻派上了別的用場」。土耳其人開始製作能夠承載艦船的帶輪托架，並安裝上金屬滑輪，在鋪設完運輸滑軌後，成隊的公牛靜候待命。土耳其人還在泉源河谷布置了一些大炮，一旦被拜占庭人發現，就可進行有效打擊。

僅僅兩天時間，所有的工作就完成了——數以千計的工匠和勞工夜以繼日地工作著。為了吸引拜占庭人的注意力，蘇丹命令對著佩拉地區進行持續炮擊，炮彈爆炸後產生的濃煙也從一定程度上起到了掩護作用。另外，土耳其人還故意將佩拉地區的一些城牆摧毀，導致當地居民要麼忙於修護城牆，要麼趕緊離開這片是非之地，這條能運輸艦船的通道就這樣神不知鬼不覺地布設著。

依據威尼斯海軍醫生尼科洛·巴爾巴羅的描述：「四月二十二日星期天，當天際露出第一縷曙光時，這一支奇怪的艦隊出發了。人們首先將圓木捆綁於海上的船隻底部，隨後由大隊公牛拖拽這些滑輪將船隻牽拉上岸，在某些陡峭或困難的地段，它們還得到了人力的輔助。槳手們則端坐於自己的位置，按照左右逡巡的長官給予的節奏，整齊地在空氣中划動長槳，風帆也一如既往地升起，如同艦隊正暢遊於海上。艦隊透過陸地時，只見戰旗飄揚，鼓樂喧天，簡直恰似一場狂歡。一艘小船在前方開路，一旦它成功翻越第一處斜坡，後方大約七十艘各型戰艦也紛紛魚貫而入。」[29]

即便是如此祕密地進行，但在四月二十二日那天的上午，這事還是被金角灣的拜占庭水手和守衛城牆的哨兵發現了。他們看到一艘艘土耳其人的戰艦從泉源河谷一帶滑入金角灣後，趕緊將這道緊急軍情呈報給君士坦丁十一世。這時候，城中居民陷入了恐慌。於是，君士坦丁十一世立刻召開緊急會議。與會者有威尼斯大使吉羅拉莫·米諾托、城防總指揮喬瓦尼·朱斯蒂尼亞尼（Giovanni Giustiniani，他自己出錢組織了一支幾百人的隊伍參加了君士坦丁堡保衛戰）以及全體威尼斯艦長。會議

29 參閱史蒂文·朗西曼《1453：君士坦丁堡的陷落》中的轉述。

上，他們給出了幾個解決方案：

其一，派出使者說服保持中立的熱那亞人出兵攻擊土耳其海軍基地。以熱那亞人優秀的海上能力，擊敗技術和經驗不成熟的鄂圖曼帝國艦隊是完全沒有問題的。然而，要想說服熱那亞人，顯然不太可能，就算可行，也會耗費大量時間。就目前的局勢來看，這個方案不適合。

其二，派出一支奇兵在對岸登陸，以迅雷不及掩耳之勢摧毀土耳其人位於泉源河谷的岸炮，並燒毀其船隻。這個方案如果成功實施，絕對會對土耳其人以沉重打擊，讓他們之前的努力全部白費。然而，就連城中守衛各個據點的人手都不夠，如何抽出多餘的兵力呢？這個方案也被否決了。

其三，借助夜幕，發動一場夜襲，利用希臘火燒毀敵艦。這是一位來自特拉布宗的船長賈科莫·可可（Giacomo Coco）給出的方案。因此，這次行動也叫「可可計畫」。君士坦丁十一世經過一番考慮，最終同意了這個方案。威尼斯人表態願意提供船隻作為支援。

「可可計畫」具體是這樣的：用兩艘大型運輸船作為前鋒，在側舷捆上厚厚的羊毛或棉花，用來提升抗擊土耳其人重炮轟擊的能力；兩艘大型帆船居後作為護衛；隱藏在其中的兩艘槳划船趁著夜幕掩護快速衝向鄂圖曼帝國艦隊，並發射希臘火。

上述計畫應該是可行的，以大型運輸船作為誘餌，趁著夜幕發動突襲，具備成功的條件。然而，據說為了讓威尼斯人有充分的時間準備，計畫執行被推遲到了二十四日晚。結果，計畫被洩密了——城中的熱那亞人（有一部分熱那亞人支持拜占庭）知道了此事，認為威尼斯人企圖獨占這份榮耀，頓時暴跳如雷。為了安撫他們，不得不同意讓熱那亞人參與其中——他們獲准提供一艘戰艦。這其實也沒有太大的問題，只要熱那亞人做好保密工作。讓人費解的是，想創造一份榮耀的熱那亞人卻沒有及時做好準備，反而再次拖延了時間，計畫不得不延期到二十八日。其實，這些事情背後的原因較為複雜。簡單來說，威尼斯和熱那亞之間的關係並不是看上去的那樣和睦，兩者都是地中海的商業強國，因商業競爭，兩國曾發生過戰爭。熱那亞人表面說支持拜占庭，實際上卻是保持中立（少數支持拜占庭的人除外）。因此，讓這兩國的人共同執行一項任務，危險係數是很大的，這也是「可可計畫」失敗的重要因素之一。

「可可計畫」一再延期，致使泉源河谷的土耳其人能利用這個時間空當不斷地運輸艦船和增加火炮。更重要的一點是，一名在佩拉的為鄂圖曼帝國效力的熱那亞人將這項計畫祕密通報給了穆罕默德二世。

現在，土耳其人已經知道了「鄂圖計畫」。不過，拜占庭一方還是想繼續實施，因為只要有那麼一丁點兒希望，這個能挽救帝國命運的機會就不應該被放棄。或許，他們心存一絲僥倖心理——一四五三年並不是帝國的末日。

03

並未結束的一四五三

四月二十八日，星期六，拂曉前兩小時，兩艘運輸艦（威尼斯、熱那亞各一艘）帶著神聖的使命悄然駛出了佩拉的城牆；兩艘威尼斯帆船緊隨其後。這些船配備了四十名槳手，負責指揮的是特雷維桑和扎卡里奧．格廖尼（Zaccario Grioni）。隱藏在其中的三艘小型划槳船（另外還有一些小型火攻船），每艘配備了七十二名槳手，由賈科莫．可可親自指揮。需要注意的是，這次行動配備的水手和槳手幾乎都是經驗豐富者，如果這些人大部分喪命，對拜占庭來說會無力承受——這個帝國將很難在短期內訓練出這樣的人才了。另外，在這支艦隊出發前，不知道為什麼在佩拉的一座高塔上升起了一團火焰。難道他們不知道會再次提醒敵人嗎？一種說法是有人在給土耳其人發送暗號。

當這支船隊快要靠近鄂圖曼帝國的艦隊時，一切出奇的安靜，彷彿土耳其人根本就沒有防備似的。四艘大船放慢了速度，緩緩前行。此時賈科莫．可可比任何人都緊張，他甚至按捺不住自己等待時機的心情了，因為他知道自己乘坐的小船速度絕對可以輕易地超過這四艘大船。不過，也有可能是他知道這個計畫已經洩密了，為了搶時間，為了那份榮耀，他突然命令自己的划槳船越過大船徑直地向鄂圖斯曼帝國的艦隊衝去。

在這千鈞一髮之際，土耳其人的岸炮突然開火，賈科莫·可可乘坐的船在炮擊中未能倖免，被擊中後迅速沉入海底，只有少數水手泅渡上岸，其餘人包括可可在內都葬身海底。這位在帝國最危難的時刻挺身而出的英雄就這樣犧牲了。剩餘的船隻也處在危險的境地中，二艘運輸船被多次擊中，傷痕累累，水手們忙於滅火，自顧不暇，導致一些小船紛紛被擊沉。土耳其人集中火力轟擊特雷維桑所在的船，好在有羊毛或棉花護衛著側舷，避免了致命的傷害。然而，有兩發炮彈擊中了船艙，導致船艙進水。無奈之下，特雷維桑只能下令棄船，登上小船逃生。這時候曙光初現，海面上一片朦朧，土耳其人的艦隊主動出擊。拜占庭剩餘的船隻開始組織還擊，並擊毀了一艘敵艦，經過大約九十分鐘的激烈戰鬥後，他們終於退回了錨地。有近四十名水手落入土耳其人手中，作為懲罰，蘇丹在當天晚些時候給予了他們極其殘忍的刑罰——穿刺，而拜占庭皇帝也進行了報復，兩百六十名土耳其戰俘被全部梟首示眾。

雖然「可可計畫」失敗了，但這次海戰再次證明了拜占庭海上力量的強大，鄂圖曼帝國並沒有完全掌握金角灣的制海權。不過，失敗的火攻計畫中損失了九十多名優秀的水手無疑是最讓人心痛的。

現在，金角灣的港口區已經不再安全了，海牆也將面臨炮擊的威脅。對拜占庭而言，金角灣的港口門戶一旦打開，就像一二〇四年十字軍從海牆一側破城後發生的悲劇那樣，這座都城很難再保持禁閉的安全狀態了。更棘手的問題是：如何分配有限的兵力守衛漫長的戰線呢？

此時的穆罕默德二世心情很好，因為他可以將半數艦隊運到金角灣了。對拜占庭而言，補給也越來越困難，熱那亞人依然保持中立，且態度十分曖昧。有些熱那亞商人繼續向君士坦丁堡輸送物資，或許出於某種同情，極少部分熱那亞人直接加入到守衛君士坦丁堡的戰鬥中，還有些熱那亞商人在與土耳其人進行貿易的同時，借機竊取情報獻給拜占庭。特別讓人感動的是，佩拉竟然允許拜占庭將海鏈的一端繫在它的城牆上，而厲害的熱那亞水手也暗中給予一些幫助。這些都是雪中送炭，雖然未必能扭轉整個戰局，但熱那亞人的此般表現還是被視作個人英雄行為。對大部分熱那亞人而言，他們沒有感受到眼前的威脅，因此，中立或漠不關心的人占據了大多數。

依據威尼斯海軍醫生尼科洛．巴爾巴羅的描述，希臘人和威尼斯人對熱那亞人的這種曖昧態度以及之前的諸多行為早已心生芥蒂，但佩拉或者說熱那亞人在他們眼中已經「淪為叛徒的大本營」。拜占庭的局勢越來越危險，甚至海上的戰事也是如此，這不能不讓拜占庭覺得要麼是蘇丹在佩拉安放了耳目，要麼是熱那亞人充當了眼線，做著卑劣的勾當。[30]

對穆罕默德二世而言，他現在還不能與熱那亞人翻臉，他深知翻臉的結果是喪失制海權。就算現在突襲佩拉地區，他也沒有勝算。因此，他現在唯一能做的就是嚴守金角灣海域，讓那些願意為拜占庭解決燃眉之急或輸送情報者再也不能輕易而為了。除非熱那亞人一改中立的態度，而他的密探已經給了他一個讓人寬心的情報，佩拉當局絕不會與蘇丹為敵，中立態度將持續下去。

根據喬治·斯弗蘭采斯的描述，鄂圖曼帝國艦隊進入金角灣後，大大方便了「蘇丹與駐守佩拉附近的扎加諾斯帕夏及博斯普魯斯的海軍總部的聯繫。當時土耳其人

30 關於尼科洛·巴爾巴羅的描述，相關內容可參閱唐納德·M·尼科爾（Donald M.Nicol）的《不朽的帝王》（The Immortal Emperor）。巴爾巴羅的記述應該是真實的，他是這場戰爭的親歷者，也是海軍醫生。熱那亞人中到底有沒有所謂的叛徒存在，其實就跟拜占庭與鄂圖曼土耳其雙方都使用了「間諜」一樣。很多商人既扮演著本來的角色，也扮演著刺探情報的角色。

在金角灣一帶只有一條迂回的道路，雖然利用海岸的淺灘也有捷徑，但交通依然不便。而現在既然土耳其艦隊已經進入海灣，蘇丹就可以修建橋樑橫跨海峽，直抵城市的海牆。這是一座浮橋，由大約上百隻縱向捆綁在一起的空酒桶連接而成，每對浮桶間略有空隙，上面鋪設橫樑及厚木板。此橋可供五名士兵並排而行，還能透過重型車輛。浮橋兩側輔以浮動平臺，上面安放大炮。於是軍隊在大炮掩護下可以在佩拉區與君士坦丁堡陸牆之間通行無阻，同時大炮還可從新的角度轟擊布雷契耐區」。[31]

雖然土耳其人沒有立刻著手與海鏈內的拜占庭艦隊展開決戰，可是金角灣的制海權基本上已經不屬於拜占庭了。心急如焚的君士坦丁十一世召開了緊急祕密會議，決定派出一艘快船，經達達尼爾海峽南下尋找威尼斯大使米諾托許諾過的威尼斯增援艦隊（之前大使曾表示與君士坦丁堡共存亡，並致信催促威尼斯儘早派出一支艦隊），希望能在某處海面上找到這根救命的稻草。

31 參閱史蒂文．朗西曼的《1453：君士坦丁堡的陷落》中的描述，關於「新的角度」說法不一，朗西曼的描述表明土耳其人的大炮可以轟擊到布雷契耐區，但根據巴爾巴羅的說法，應該是土耳其人為了避開君士坦丁防禦武器的攻擊範圍。由於史料缺乏，這裡以朗西曼的描述為准。

這支艦隊會帶著承諾出發嗎？如果出發了，是否已經晚矣？

§

早在一月二十六日，威尼斯大使米諾托就已經向威尼斯政府申請援助，然而迄今仍無回音。實際上，這份申請在二月十九日就已經收到了，而且威尼斯議會也專門討論了此事。根據喬治．斯弗蘭采斯的描述，可歎的是威尼斯高層竟然還以為君士坦丁堡固若金湯——雖然已經意識到了拜占庭面臨的威脅。因此，決定派出支援艦隊的日期從二月十九日一直拖延到了六月五日。

不過，拜占庭派出去的那艘快船一直沒有尋找到威尼斯增援的艦隊。他們的足跡遍及了愛琴海上的各個島嶼，他們心急如焚、熱切期盼，可什麼都沒有看到，除了藍藍的海水，除了孤獨的地平線。船長說：「我們該何去何從，是回去羊入虎口，還是捨棄都城、捨棄妻兒逃生？」大多數人都一致回答一定要回去，回去告訴他們的皇帝是他們的職責所在。根據喬治．斯弗蘭采斯的描述，當他們拖著疲憊的身軀回到君士坦丁堡，君士坦丁十一世接見了他們，在聽完他們的陳述後，眼含淚光，對他們深表謝意。隨後，他沉默了片刻，然後悲哀又決絕地說道：「這座城市只能依靠自己，依靠基督、聖母與建城者聖君士坦丁的保佑了。」[32]

上帝是真的要拋棄君士坦丁堡了嗎？是否真如那個可惡的金納迪奧斯所說，當他看到「蜘蛛在凱撒的宮殿中織網」，聽到「梟鳥在阿弗沙市的城堡上挽歌」；當黑色餘燼散盡，他是否會有一絲懺悔？

一些異樣偏偏在這個時候出現，它們都被解釋為上帝已經狠心地拋棄了君士坦丁堡。人們在這樣的情境中輕易想起了那則可怕的預言：帝國將亡於和最初的基督教皇帝君士坦丁同名的皇帝之手，並且他們的母親都叫海倫娜。另一則預言是：帝國在滿月漸漸成形時是不會滅亡的。可怕的異象來自後者，因為自五月二十四日滿月後，天空中的月亮就隨即轉缺，意味著危險也將到來——之前月滿，人們的士氣高昂就是受到它影響。在滿月的當天夜裡，出現了長達三個多小時的月全食。受到月食打擊的人們在得知不會有援軍到來的消息後，於次日手捧聖母像在君士坦丁堡街頭遊行，當遊行隊伍莊嚴地緩緩前行時，一個讓所有人都驚恐的事情發生了——聖母像不知為何「突然從擺放的銅制平臺上滑落下來」，當人們「慌亂地趕去準備扶

32 參閱史蒂文·朗西曼《1453：君士坦丁堡的陷落》。

起畫像，卻發現它猶如鉛一般沉重，需幾人合力才將它搬回原處」。實際上，聖母像並不沉重，因為它是木制的，之所以感到它沉重，很可能是與慌亂、恐懼，甚至是絕望的心理緊密相關。[33]

接下來發生的事情更加讓人們相信了預言。

遊行隊伍繼續前行，原本晴朗的天空突然下起了雷雨，夾雜著冰雹，當雨水和冰雹一同傾落到人們身上，人們感覺呼吸都很困難了，人幾乎難以站立。在大雨滂沱中，道路變成河流，洶湧的水勢沖走了一些孩童，遊行被迫中止。第二天清晨，人們的恐懼並沒有消除，因為濃霧籠罩了整座城市。依據斯弗蘭采斯的描述，人們認為以往五月裡從未有過這種現象。人們認為這是神蹟，「是為了掩護耶穌與聖母離開首都。入夜，當濃霧散去，一道奇怪的光線出現在聖索菲亞大教堂的圓頂。土耳其人與君士坦丁堡市民都見證了這一奇景，並深感不安。蘇丹的智囊團向他解釋說這一徵兆表明真正的信仰終將降臨聖索菲亞大教堂」。穆罕默德二世聽了這樣的解釋，內心漸漸寬慰下來，而拜占庭人內心就更複雜了，特別是君士坦丁十一世聽到

33 參閱史蒂文·朗西曼《1453：君士坦丁堡的陷落》。

身邊大臣們喋喋不休，頓感身心疲憊：為了挽救帝國命運，他做了常人難以想像的努力，他甚至都快要成功了——他花費二十年時間在希臘南部經營的事業曾達到巔峰，攻入了雅典。然而，從瓦爾納戰爭抽身出來的蘇丹橫掃了伯羅奔尼撒半島，成千上萬的希臘人淪為奴隸，他的心血付諸東流。往後審視歷史，我們會發現在君士坦丁堡深陷重圍的情況下，這位皇帝帶領他的臣民堅守了五十三天，抵擋住了五千發炮彈和五萬五千磅火藥對城牆的轟擊。根據喬治．辛克洛斯（George Synkellos）的《俄羅斯編年史》（Slavic Chronicle）的記載，君士坦丁十一世因身心疲憊一度昏厥過去，甦醒後，他堅定地表示絕不叛離自己的人民，與首都共存亡。

苦苦期盼救援的拜占庭並沒有放棄希望。一些需要注意的細節是關於威尼斯方面的援助，那支艦隊的確已經準備出發了，不過其間經歷了多次變故。當艦隊真正起錨出航，時間已經是六月五日。拜占庭皇帝並不知道他寄予希望的威尼斯艦隊經歷了極為複雜的變故，他甚至認為指揮這次援助行動的威尼斯海軍司令賈科莫．洛雷丹（Giacomo Loredan），是一位他聽說過的極為英勇的將領，在危難之際能力挽狂瀾。然而，他並不知道四月十三日威尼斯高層給艦隊司令阿爾維塞．隆戈（Alvise Longo）的指示極大地拖延了行動時間。

根據朗西曼在《1453：君士坦丁堡的陷落》中的描述，威尼斯指示隆戈的「艦隊應快速前往特內多斯（Tendos）島，中途只許在莫頓（Modon，今希臘麥西尼亞）停留一天以補充物資」。在特內多斯島，隆戈需「等待至五月二十日，其間完成對土耳其的偵察，隨後可與洛雷丹的艦隊及來自克里特島的船隻會師。此後艦隊將穿越達達尼爾海峽並強行抵達君士坦丁堡」。

如果洛雷丹能早點接到命令——威尼斯應該在給隆戈指示的那天同時給他發出命令，結果造成了洛雷丹五月七日才接到命令的尷尬局面。於是，讓人鬱悶的行動開始了，洛雷丹需要先去科孚島與總督的船隻會合，然後再前往內格羅龐特（Negropont，今希臘哈爾基斯），因為那裡有二艘克里特船。抵達那裡後，就可以駛向特內多斯島與隆戈的艦隊會合。這支援助拜占庭的威尼斯艦隊是臨時拼湊起來的，威尼斯方面並未做事前籌備，或者說出於不能與鄂圖曼帝國有過於激烈衝突的心態，最終導致這行動一拖再拖，錯過了最佳援助時期。

威尼斯方面的構想是這樣的：當洛雷丹到達特內多斯島後，如果隆戈的艦隊已經出發，那麼隆戈就需要留下一艘船等待前者，並護送前者穿過海峽。在艦隊到達君士坦丁堡之前，一定不能挑釁土耳其人。如果已經到達君士坦丁堡，並處於拜占庭皇帝的指揮下，必須要讓君士坦丁十一世明白威尼斯為了這次援助行動做出了巨大的犧牲。如果君士坦丁堡已經和蘇丹簽訂了盟約，這支艦隊就轉航至伯羅奔尼撒，並迫使那裡的湯瑪斯君主歸還吞併的一些威尼斯村莊。

不得不說，上述構想處處都顯得自私。而五月八日威尼斯高層又補充了構想：「如果洛雷丹的艦隊中途發現君士坦丁堡仍在抵抗，他可先在內格羅龐特就地轉入防禦。」為了穩妥起見，威尼斯還準備派遣一名叫馬切洛的特使隨洛雷丹的艦隊同行。特使在到達蘇丹宮廷後有兩個任務：一是表明這次行動的出發點是善意的——僅僅是為了護送威尼斯商船，保護威尼斯在黎凡特的利益；二是極力促成拜占庭與鄂圖曼帝國停戰，希望蘇丹能夠接受一切可行的條件。如果蘇丹態度強硬，不接受任何調停，特使不能與之發生爭執，應立刻返回威尼斯覆命。

五月三日，拜占庭派出去尋求救援的一艘船從金角灣出發了，船上一共有十二人。依據尼科洛．巴爾巴羅的描述，他們喬裝打扮成土耳其人的模樣，在偽裝的掩護下安全穿越了瑪律馬拉海，進入到愛琴海域，向伯羅奔尼撒、各群島以及法蘭克求援。不過，基本上不會有什麼奇蹟出現了。而威尼斯人考慮到金角灣已經不安全，於是在五月八日決定卸下戰艦上的軍用物資，全部存放到皇家兵工廠。五月九日，他們決定拆分艦隊，將一些艦船「從金角灣海鏈移至阿克羅波利斯海鏈附近的內奧里翁（Neorion）或普洛斯費瑞納斯（Prosphorianus）碼頭」。這樣調動的目的在於加強受損嚴重的布雷契耐區的防禦力量。五月十三日，部署全部完成。另外，所有水手都必須上岸對受損的城牆進行修復。

威尼斯人的上述舉措無疑是正確的。土耳其人在五月十三日對布雷契耐區與賽奧多西城牆的接合部發動了猛烈攻擊。在威尼斯人的協助下，拜占庭擊敗了對這一區域的進攻者，事實證明，這一處的城牆依然堅固。

五月十四日，土耳其人發現威尼斯人將艦隊調動後，不再擔心受到攻擊。蘇丹將原本用於部署在泉源河谷的炮兵移至金角灣浮橋。至此，蘇丹的炮火幾乎沒日沒夜地狂轟。

五月十六日和十七日，鄂圖曼帝國的艦隊兩次從雙圓柱航行到海鏈處，試圖發動攻擊。但一看拜占庭海軍嚴陣以待，防守嚴密，他們只能一彈未發地返回了港口。

五月二十一日，鄂圖曼帝國的艦隊再次出動。這一次鑼鼓喧天，但結果與之前的情形一樣，一彈未發，返回港口。

土耳其人的上述怪異行為，很可能是因為士氣低沉，久攻不下帶來的失落感和焦躁感讓蘇丹無法輕易下命令在海上繼續發動攻擊。這時候，如果有援軍到來，拜占庭方面扭轉戰局的可能性也是較大的。前提是死守住各城牆段，尤其是較薄弱的區域。

五月就快要過去了，沒有看到任何一支援軍到來。有的只是越來越沉重的負擔，還有絕望。

§

蘇丹陷入困境中，他想盡一切辦法破城，但都失敗了。

土耳其人開始採用挖地道的形式破城，不過，好幾條地道都被拜占庭人發現了。依據尼科洛．巴爾巴羅的描述，在格蘭特的指揮下，他們要麼用濃煙燻出挖地道的土耳其人，要麼引用水塔（用於護城河供水的裝置）的蓄水灌入坑道中，土耳其人傷亡慘重。

土耳其人依然不放棄四處挖地道，同時，他們用泥土填充護城河。到天黑時，拜占庭人悄然出動，在泥土裡埋上火藥桶。當第二天土耳其人攻城時，這些火藥桶被點燃，瞬間產生了劇烈爆炸，給敵人以沉重打擊。

五月三日，土耳其繼續挖著地道，試圖突破布雷契耐城牆。這一次，拜占庭取得了巨大的勝利，他們俘獲了大量坑道兵，包括一名高級軍官。在嚴刑拷打後，這名軍官實在忍受不住痛苦，交代了所有挖掘的地道位置。就這樣，蘇丹試圖挖地道的破城計畫也宣告失敗。

失敗的情緒在土耳其人心中蔓延，圍攻已經持續七週了，所有能用上的招數都用上了，還是無法破城。加之宮廷裡的老維齊哈里一派也極力勸阻蘇丹不要再對君士坦丁堡進攻了，穆罕默德二世再次表現出招降的意願，並準備派一位名叫伊斯梅爾的使臣前往君士坦丁堡。蘇丹的主要條件是皇帝如果繳納十萬金幣，他就考慮撤圍。

那麼，君士坦丁十一世同意這樣的條件了嗎？他說，願意交出自己擁有的一切——但顯然是不夠的，這個帝國早已經沒有什麼錢了，十萬金幣的天文數字，很難在短時間內籌齊。一旦逾期，蘇丹又會以此為由發動戰爭，因此他能給出的就是自己的財產，君士坦丁堡除外。

談判就這樣變成徒勞了。

在經過幾天的沉寂後，君士坦丁堡最後的戰鬥開始了。

君士坦丁十一世在決戰的前一夜騎著阿拉伯牝馬前往大教堂做了禱告，隨後回到皇宮告別了家人，並在忠心耿耿的國務祕書喬治·斯弗蘭采斯的陪同下最後一次巡視了陸牆。巡視結束後返回布雷契耐區的途中，他在卡里加利亞門附近下馬，同喬治·斯弗蘭采斯一起登上了布雷契耐城牆最外角的一座城樓。在那裡，君臣二人相處了一小時左右，之後，皇帝讓他離開了。

我們不知道在這一小時左右的時間裡君臣二人具體說了什麼，或者一切無言。不過，我們可以設身處地進行猜測：這極有可能是一次訣別，皇帝本人早就做好了城在人在、城亡人亡的準備。若干年後，喬治．斯弗蘭采斯寫下一些關於君士坦丁堡的著作[34]，記載了君士坦丁堡圍城前後詳情。

土耳其人破牆成功源自一個被稱作「科克波塔」門（位於布雷契耐城牆與賽奧多西城牆交接的轉角處，「科克波塔」是否存在尚有爭議）的地方被他們突破了。「科克波塔」的塔門常年關閉，現在因戰事需要而打開，負責守衛這一區域的長官是朱斯蒂尼亞尼。當時，一些戰鬥人員歸來忘記關上身後的小門，土耳其士兵發現後，迅速衝進了城門，然後順著樓梯向城牆頂端突擊。城內的拜占庭士兵發現了他們，急忙回身阻止更多的敵軍湧入，混亂中大約有五十名土耳其士兵衝上了城牆。就是在這樣微妙的時刻，一場慘禍的到來改變了局面，甚至整個拜占庭帝國的一切。其實，這些進入城牆的土耳其士兵並不可懼，拜占庭的士兵能夠殺死掉他們——朱斯蒂尼亞尼手下有大約七百名雇傭兵。

就在太陽快要升起的時候，一顆近距離射出的手銃子彈擊中了朱斯蒂尼亞尼的胸

34 現在存世的只有兩部，分別是《小紀事》（*Chronicum Minus*）和《大紀事》（*Chronicum Majus*）。不過，有學者認為後者是一個叫馬卡里奧斯（Makarios）的歷史學家偽託之作。上述內容，讀者可以參閱《波恩拜占庭歷史作品大全》，也叫《波恩文集》。

部。頓時，他身上血流不止，鮮血染紅了胸甲（關於其受傷部位說法不一，說腿部、手部和腋窩受傷的都有。可能是記錄這段歷史的人十分厭恨這位熱那亞人，甚至有歷史學家對他受傷一事隻字不提，只說他擅離職守）。劇烈的疼痛讓他忍不住懇求部下帶自己離開戰場，大概是朱斯蒂尼亞尼覺得守城無望，敗局不可更改，他認為自己已經盡力了，故選擇離開。

朗西曼在《1453：君士坦丁堡的陷落》中描述道：「一名部下奔向在附近作戰的皇帝，並要求獲得通往內城牆的小門鑰匙。君士坦丁聞訊急忙趕到朱斯蒂尼亞尼身邊，希望他不要放棄戰鬥。但後者的精神已然崩潰，他堅持撤退。門打開了，他的衛兵護送他穿過城市，來到碼頭，並登上了一艘熱那亞船。他的部下注意到主將撤離，其中一些人或許認為朱斯蒂尼亞尼只是退往內城牆防守，但更多人認定戰役已經失敗了，部分士兵恐懼地高喊土耳其人已經突破城牆。在小門關閉前，熱那亞人蜂擁般從此逃命，唯獨留下皇帝與希臘士兵孤軍奮戰。」隨後，「這一陣恐慌被護城河邊的蘇丹發現，他振臂高呼：『這座城市已經是我們的了！』」。整個君士坦丁堡的防禦體系自此開始分崩離析。蘇丹夢寐以求的都城終於到手了。

君士坦丁十一世在戰鬥中身亡，不過，這可能是一個永遠也無法解開的謎——關於這位皇帝的下落眾說紛紜。依據學者鐵達爾迪的觀點，他認為君士坦丁十一世死於亂軍之中。當蘇丹派人尋找皇帝的屍體時，人們獻上了許多屍體和頭顱，其中一具屍體上發現了有雙頭鷹標誌的護脛，蘇丹據此認為這就是君士坦丁十一世的真身。然而，許多史料以及來自義大利的流傳都有著不同的說法，甚至有人認為他根本就沒有死，而是被救走了。無論是什麼結局，對穆罕默德二世而言，他本人是非常滿意的。他儼然把自己當作古羅馬帝國的繼承人了，他心裡多少次想讓自己成為亞歷山大那樣的人物啊！戰後，他盡自己最大努力重建了君士坦丁堡，在那繁華的街道上和聖潔的教堂裡，或許還回蕩著啾啾的嘶鳴聲。若干個世紀過去，今天在土耳其，這座城市已被稱作伊斯坦堡，許多義大利人還會想起那個黑色的星期二（城破那天正好是星期二）。

§

一四五三年五月二十九日，君士坦丁堡的陷落並不是結束。希臘精神今天依然存在，俄國人在漫長的奮鬥中曾試圖擔任東正教派的領袖，並將莫斯科稱為「第三羅馬」。隨著他們擊敗了韃靼異教徒，這個斯拉夫民族逐漸在歷史舞臺上扮演起重要的角色，可以說，俄國人是這場戰爭的最終受益人。

如果威尼斯的那支援助艦隊真的到來，如果朱斯蒂尼亞尼沒有受傷，君士坦丁堡的命運能否徹底改變呢？史蒂文·朗西曼認為，君士坦堡雖然陷落，但鄂圖曼土耳其方同樣付出了慘重的代價，從戰爭的消耗角度以及戰略布局來講，土耳其人既需要養精蓄銳，也不能讓歐洲諸國產生過於仇視的心理。假如在這場保衛戰中真有威尼斯艦隊的援助前來，所起到的作用可能也是較小的，拜占庭人可以憑藉艦隊的力量以及祕密武器——希臘火進行殊死抵抗，可戰爭的消耗是無法在短時間得到有效補充的。比如能夠作戰的人員，擁有可保障艦隊正常運行的技術人員……，都是擺在拜占庭面前的巨大困難。朗西曼在著作中寫道：「拜占庭也許能額外苟延十年（人口、領土面積都在銳減），土耳其對歐洲的入侵也許將放慢步伐，但西方國家並不能因此獲利。換言之，不妨將君士坦丁堡的安全視作西方心理上的屏障——只要它還在基督徒手中，危險似乎就是不那麼迫切的。」

拜占庭的滅亡不等同於其文明的終結，相反，這個帝國的知識和華章典籍以及君士坦丁的英勇與忠貞都在影響著世人。每當人們提及君士坦丁十一世的時候，他們的心裡不免心潮起伏。許多人相信，在聖索菲亞大教堂裡，必將在未來禮拜之時與其重逢！「雙頭鷹」還在。

縱觀歐洲歷史，雙頭鷹的影響是深遠的，從最先出現在拜占庭，到今天不少國家依然在使用這個標誌。俄羅斯、塞爾維亞、阿爾巴尼亞……這些國家依然可見雙頭鷹，說明這種符號的傳承更多是指向拜占庭帝國的精神所在。從這一角度講，這場關乎生死存亡的保衛戰即便是到了今天，依然會讓人們心情激蕩，那種雖敗猶榮的豪情絕不會連同這個帝國的滅亡而消逝。倖存下來的拜占庭精英，比如格彌斯托士·卜列東，他是帝國末期最優秀的學者，他掌握著拜占庭帝國的文化精髓，假如他可以重振帝國雄風，唯一的出路就是聯合東正教的人民，盡可能保留帝國的文化、精神，甚至禮儀……但這一天終未到來。朗西曼將君士坦丁堡視作「西方心理上的屏障」，因此我們完全有理由相信這一切的到來是不可能的。熱那亞在一四五三年後也開始衰落，威尼斯的海上掌控能力也不如從前，其原因之一與新航路的發現有莫大關係。無論我們對拜占庭有多少難以解脫的情結，現實是：今天的「伊斯坦堡」只屬於土耳其，不再屬於希臘人了。

金角灣失守的那一刻，是這場都城保衛戰失敗的關鍵之一。從海權的角度來講，這種失敗還會波及熱那亞和威尼斯——君士坦丁堡陷落後，義大利到黑海的商業航線受到嚴重影響，對其他海域的影響也依然存在。土耳其人對航線進行控制，並由此徵收高昂的賦稅，一度讓歐洲各國嗤之以鼻。直到新航路的發現，一個嶄新的世界到來，歐洲在世界歷史舞臺上的角色愈加耀眼。因此，一四五三年是一個重要的歷史節點，它既是結束，也是開始。都城的陷落到重建，歐洲門戶的打開，土耳其人帶去了野蠻，也有文明。至少，歐洲人感受到了東方香料的魅力。

在這場都城保衛戰的海戰中，土耳其人大量使用巨炮無疑也為今後的海戰提供了一個變革思路，在戰艦上裝配各式艦炮的工作也在不斷改進。對攻城而言，因為這種巨炮的出現，歐洲傳統的要塞防禦逐漸不起作用了，歐洲人不得不想出其他的辦法來保衛城市要塞。可見，一種軍事技術的革新也能對一個帝國的命運乃至世界歷史的進程產生重要影響。

君士坦丁堡陷落後，土耳其人在一五六五年對馬爾他進行了圍攻。一場西方基督教聯盟和鄂圖曼帝國在爭奪地中海霸權的戰爭將激烈交鋒引向了一個沸騰點。而那些在君士坦丁堡之戰中倖存下來的勇士後代也將參與其中，繼續用他們的熱血在馬爾他與土耳其人做一個了斷。

Chapter II

粉碎文明

特諾奇提特蘭的憂傷

（西元 1521 年）

戰爭的目的總是在於「獲取」，因此當一個國家遠強於另一個國家，並「自然地」尋求以任何可能手段控制較弱對手時，戰爭便會合乎邏輯地發生。

——亞里斯多德《政治學》

01
悲痛之夜

米格爾・萊昂—波蒂利亞（Miguel León-Portilla）在《斷矛：阿茲特克人征服墨西哥的記述》（*The Broken Spears: The Aztec Account of the Conquest of Mexico*）裡悲劇性地描述道：「當西班牙人抵達托爾特克斯運河後，他們自己一頭栽進水裡，好像從懸崖上跳下來一樣。來自特利柳基特佩克的特拉斯卡拉（Tlascala）盟友，西班牙步兵和騎兵，少數伴隨軍隊的婦女——都來到水邊，跳了進去。運河裡很快就塞滿了人和馬的屍體，他們用自己人溺死後的屍體填補了堤道上的缺口。那些後來跟進的人踩在屍體上到了對面。」

這是發生在一五二〇—一五二一年西班牙人入侵阿茲特克帝國戰爭中的一場戰鬥，我們習慣把它稱之為「悲痛之夜」（The Sorrowful Night，一五二〇年六月三十日—七月一日）。那天的夜晚彷彿比以往都要漆黑，大雨傾盆。西班牙人在埃爾南．科爾特斯（Hernán Cortés）[1]的帶領下想盡辦法離開石上長仙人掌的地方——特諾奇提特蘭城（Tenochtitlan）[2]。這座城曾經是黃金般的天堂，現在是惡魔般的地獄。至於能不能將劫掠來的黃金寶藏一起帶著離開，將是一件選擇生與死的棘手問題。這座城市的主人在此刻全是憤怒的人，許多街道都堵滿了阿茲特克人[3]，他們殺紅了眼，如潮水般地湧向西班牙人——入侵者稱他們為瘋子。

早在一個月之前，西班牙人還耀武揚威，據說阿茲特克人還相信他們是神而不是人。現在，西班牙人無路可逃了，正徒勞地向外突圍。在經歷了一週的恐懼和死亡後，指揮官埃爾南．科爾特斯感到絕望了，要想突圍，就必須找到能夠通往橫越特斯科科湖的高聳堤道的退路。夜間，當科爾特斯透過窗戶看到他死去的士兵的頭顱被串在杆子上時，忍不住打了一個寒戰。悲痛之夜，絕望的夜，在阿茲特克人的瘋狂殺戮下顯得更加淒涼。特別是阿茲特克人將西班牙人的頭顱做成人形玩偶四處恐嚇西

1 一四八五—一五四七年，西班牙貴族，大航海時代的航海家、軍事家和探險家，阿茲特克帝國的征服者，在歷史上可謂「臭名昭著」。

2 阿茲特克帝國首都，是前哥倫布時期美洲最大的城市，位於墨西哥特斯科科（Texcoco）湖中的一座島上，遺址位於今日墨西哥城的地下。

3 為方便敘述，本文墨西哥人和阿茲特克人都屬同一類人，不加以區分。

班牙人的時候，一些士兵因極度的恐懼發出撕心裂肺的呼喊聲，然後就瘋掉了。

西班牙人為什麼要來到特諾奇提特蘭？自一四九二年哥倫布發現美洲以來，西班牙人的足跡幾乎遍布世界。當時，加勒比群島逐步淪為西班牙王國的殖民地。西班牙政府為了開發那裡，就以贈送土地和分配印第安奴隸的優越條件招攬西班牙人前往美洲。作為沒落貴族一員的埃爾南・科爾特斯因為這個原因踏上了美洲之途。

一五一八年，西班牙古巴總督迭戈・貝拉斯克斯（Diego Velazquez）[4]，組織遠征隊前往墨西哥，科爾特斯被任命為隊長。一五一九年二月，科爾特斯一行六百餘人（士兵接近四百名）乘坐十一條船駛向墨西哥。

一五一九年十一月八日，他們來到阿茲特克帝國首都特諾奇提特蘭，所有人都為它的繁華驚呆了：這座城市沒有城牆，因為湖水就是天然的城牆；城市建築和農田是各自獨立存在的，分布在一塊塊沙洲上；城市交通四通八達，湖面上船隻井然有序；一座座高聳入雲的金字塔神廟矗立在城市裡……按照西班牙人的說法，特諾奇

4　西班牙殖民征服者，生於塞哥維亞的庫埃利亞爾，一四九三年隨克里斯多夫・哥倫布去美洲。一五一一年受迭戈・哥倫布的派遣征服古巴，為首任古巴總督。

提特蘭就是美洲的威尼斯。[5]

當天，這裡的特拉托阿尼（相當於君主或者部落酋長）蒙特蘇馬二世（Monctesuma II）[6]，親自出城迎接了遠道而來的西班牙人。當他把科爾特斯一行人迎進了自己父親的故居後，還慷慨地贈送了許多貴重的珠寶和金銀給西班牙人。就這樣，西班牙人下榻在阿茲特克君主的身側，同時也為日後監禁這位君主埋下了伏筆。當然，科爾特斯沒有忘記他們來到這座財富之城的目的，不久後他就發現這裡的部落之間存在著不可調和的矛盾。

首要的一點是，阿茲特克人對其他部落實行殘暴統治。在其他的一些部落中，尤以特拉斯卡拉人[7]頗有實力，於是西班牙人就與之結成同盟。科爾特斯的遠征隊也因此得到了盟友特拉斯卡拉部落提供的一千名精銳武士的支援。雖然西班牙人在特諾奇提特蘭受到極高的待遇，但他們的這般作為，已經引起阿茲特克人的逐漸不滿。

---

5 更多關於美洲的資料，可參閱凱斯．海恩斯作品《拉丁美洲史》、喬治．C．瓦倫特作品《阿茲特克文明》。

6 約一四七五—一五二〇年，阿茲特克的特諾奇提特蘭君主，曾稱霸中美洲。

7 與阿茲特克人同屬納瓦人的後裔，幫助西班牙人征服了特諾奇提特蘭等城邦，是西班牙最堅實的盟友，直到今天許多墨西哥人認為特拉斯卡拉人是叛國者，不過他們自己不這麼認為，因為他們保住了自身原住民族的傳統。

在阿茲特克流行恐怖的活人祀的風俗，科爾特斯多次勸說蒙特祖馬二世臣服於西班牙國王，並皈依基督教。蒙特祖馬二世對此不置可否，兩人的矛盾由此產生。當科爾特斯等人去參觀神廟時，西班牙人驚恐萬分，他們簡直不敢相信眼前看到的場景：數不盡的骷髏頭林立在他們面前，空氣中瀰漫的血腥腐臭的味道讓人幾欲作嘔。這時，科爾特斯突然強硬地要求蒙特蘇馬二世應向耶穌懺悔，並希望他能拆毀這些嗜血的骷髏頭像，以十字架替換。西班牙人突如其來的發難激怒了蒙特蘇馬二世等人，尤其是他們的祭司。本來之前就有芥蒂，現在西班牙人竟然「如此無禮」，無視他們的祭祀傳統，阿茲特克人紛紛表示非常後悔邀請科爾特斯一行人來到這座城市。

雙方不歡而散。

西班牙人之前就垂涎特諾奇提特蘭城的財富，現在是時候動手了，他們打起了蒙特蘇馬二世的主意。經過一番祕密行動，他們監禁了蒙特蘇馬二世，要求他利用自己的影響力告訴臣民「西班牙人是神」。蒙特蘇馬二世按照西班牙人的要求做了。起初，大部分臣民基本相信了，也有部分臣民心存疑慮——他們覺得蒙特蘇馬二世已經不是以前的蒙特蘇馬二世了，是他招來了有野心的西班牙人。也正是在這個節點上，科爾特斯突然得到消息，西班牙當局正派出一支軍隊逮捕他。原來，他的上司或者說政敵，古巴總督貝拉斯克斯害怕科爾特斯的影響力高於自己[8]——他本人也很想染指墨西哥，卻發現自己成為對手的墊腳石了，所以他多次向國王陳述科爾特斯有叛變之心。實際上，他也的確未能從墨西哥得到一丁點好處，最後抑鬱地死在了古巴。這次，他要以「叛變祖國」的罪名逮捕埃爾南·科爾特斯。

一五二〇年三月，一支緝拿科爾特斯的軍隊來到墨西哥沿岸。科爾特斯決定留下自己的副手佩德羅·德阿爾瓦拉多（Pedro de Alvarado）[9]和一些西班牙士兵待在特諾奇提特蘭城，自己則率另一部分人返回墨西哥沿海解決被通緝一事。因雙方的矛盾不可調和，遂發生戰鬥。科爾特斯擊敗了緝拿他的隊伍後，利用阿茲特克的巨大財富誘惑敗軍加入到自己的遠征隊中，他的實力也因此大增。當他回到特諾奇提特蘭的時候，他的副手已經開始行動了，趁阿茲特克人舉行慶典的時刻突然

8 說法不一，一種說法是聽信部下的讒言；另一種說法是科爾特斯不顧上司的命令，抵押了自己的家產招募了許多遠征人員，於是貝拉斯克斯決定撤銷他的職務，但科爾特斯對此置之不理，自己帶著遠征隊出發了。

9 一四八五—一五四一年，他一位訓練有素的軍人，也是科爾特斯的得力助手。以用殘酷的方式對待原住民而聞名，因此他被人稱為「太陽」或「紅日」。顯然，這樣的綽號不是對他的稱讚，而是給他的殘暴烙上一個深深的印記。

發動襲擊。

這時的特諾奇提特蘭城局勢已經失控了，憤怒的阿茲特克人開始對西班牙人瘋狂地報復。己方勢單力薄，如果硬碰硬，吃虧的顯然是西班牙人。狡詐的科爾特斯趕緊讓蒙特蘇馬二世出面向臣民發話，命令他們讓西班牙人安全離開這座城市。然而，失去控制的阿茲特克人根本不聽蒙特蘇馬二世的命令，在他被監禁期間，他的臣民已經選出新的君主了。混亂中，蒙特蘇馬二世被自己的臣民用石塊砸死（說法不一，一種說法是被西班牙人勒死，阿茲特克人異常憤怒，為悲痛之夜點燃了仇恨之火）。

在阿茲特克人的持續進攻下，西班牙人的彈藥和飲水都開始出現不足。科爾特斯決定採取偷樑換柱之計，一邊與他們談判，一邊偷偷架起一座輕便的橋樑——之前，聰明的阿茲特克人拆除了城中大部分通往外界的橋樑。狡猾的西班牙人想盡可能多地帶走從阿茲特克人那裡掠奪到的黃金。

一五二〇年六月三十日的夜晚，西班牙人依靠暴雨的掩護，試圖悄悄離開這座城市。然而，他們的行動很快就被一名阿茲特克武士發現了。於是，就有了萊昂—波蒂利亞在《斷矛》裡悲劇性的描述。

§

西班牙人沒有想到他們遇到了如此強悍無情的對手，憑藉手中的熱兵器依然無法應對眼前的局面。即便如此，貪婪的他們還是向財富屈服了，他們心存僥倖，一旦殺出重圍，就能享用一輩子也花不完的財富了。與其說這些西班牙人是被阿茲特克人殺死的，還不如說是死於對財富的貪婪。

就像西班牙歷史學家法蘭西斯科·洛佩斯·德戈馬拉（Francisco López de Gómara）[10]在自己的著作《埃爾南·科爾特斯：墨西哥的征服者》（*Hernán Cortés: Conqueror of Mexico*）中的描述：「在我們的人當中，被衣服、黃金和珠寶拖累得最厲害的人最先死去，那些活下來的人帶得最少，最無畏地向前衝鋒。所以

10 一五一一—一五六二年，西班牙編年史學家，他是埃爾南·科爾特斯的私人老師。大概是因為這層關係，他隨科爾特斯一起參加了阿爾及利亞的遠征。德戈馬拉根據一些征服者提供的資訊寫下《印第安人的歷史概況》（*Historia general de las Indias*）一書，在這本書中，他專門寫到了征服墨西哥—阿茲特克這段歷史，雖然後來人們發現他的作品存在諸多不實，但也是西班牙早期征服史的重要參考資料之一。他對科爾特斯的描述可能更接近於心理層面的真實。外文版書籍可參閱克利斯蒂安·A·羅亞-德拉-卡雷拉（Cristián A. Roa-de-la-Carrera）《臭名昭著的歷史：法蘭西斯科、洛佩斯、德戈馬拉和西班牙帝國主義的道德觀》（*Histories of Infamy: Francisco López de Gómara and the Ethics of Spanish Imperialism*）。

那些死者死得很富有，是他們的黃金殺了他們。」

最可怕的事情並未結束，那些活下來的西班牙人在往後的日子裡彼此無盡地指責、猜忌、誹謗、訴訟，他們始終無法確定當年到底有多少黃金被帶走，有多少黃金保存了下來。

直到今天，這批據說重達八噸以上的寶藏依然下落不明。當時，科爾特斯計畫在最終被殲滅之前逃出特諾奇提特蘭城，在逃離前，他下令將這批黃金打包埋藏在地下。

我們可以想像科爾特斯有多麼憤怒，他甚至覺得他的副手德阿爾瓦拉多是如此愚蠢——要不是他打亂了自己的計畫，現在這座城市已經是屬於他的了，而他就能成為權高位重的新西班牙威尼斯總督了。不過，他或許忘了，是西班牙人的殘暴才導致了他們現在面臨絕境——他們竟然屠殺了八千多名阿茲特克人。

萊昂─波蒂利亞在《斷矛》中寫道：「他們（西班牙人）進攻所有慶祝者，戳刺他們（阿茲特克人），從後方用矛穿透他們，那些立刻倒地的人內臟流了出來。其他人有的被砍了頭。他們割下頭顱，或者把頭顱打成碎片。他們擊打其他人的肩部，乾淨俐落地將這些人的手臂從身體上砍下。有些人的大腿或是腿肚子被他們打傷。他們猛砍其他人的腹部，讓內臟流了一地。有的人試圖逃跑，但他們一邊跑，腸子一邊掉出來，似乎腳和自己的內臟都攪成一團。」

美國歷史學家威廉．普萊斯考特（William Prescott）在《墨西哥征服史》（*History of the Conquest of Mexico*）裡描述了埃爾南．科爾特斯在逃離特諾奇提特蘭城後訓斥他那些衝動下屬的話語：「……做得很糟糕，已經辜負了信任……行為像瘋子一樣。」

科爾特斯清晰地記得一五二〇年六月三十日夜晚：外面漆黑一片，大雨傾盆。西班牙人在死傷慘重後，終於奇蹟般地越過了三條通往湖岸的運河。這三條運河分別被特拉科潘鎮的堤道分割開來，形成依堤而存的特克籓欽科、塔庫巴和阿登奇卡爾科運河。此刻，西班牙人在特斯科科湖的堤道上列成一條綿長的縱隊，這一切相比之前在特諾奇提特蘭城的遭遇已經明顯好多了。然而，就在他們越過第四道運河——米克索科阿特奇阿爾蒂特蘭時，一個正在河邊取水的婦女看到了綿長的佇列，她立刻發出警報。

根據H．湯瑪斯在《征服》中的描述，婦女叫道：「墨西哥人，快點出來，我們的敵人正在逃跑。」這名墨西哥婦女的尖叫聲讓維齊洛波奇特利神廟的祭司聽到了，他立刻瘋狂地跑出來集結戰士：「墨西哥首領們，你們的敵人正在逃跑！衝向你們用來作戰的獨木舟。」[11]

接下來，以縱橫大洋馳名的西班牙人做夢沒有想到自己會在水面上敗得一塌糊塗。漢森在《殺戮與文化：強權興起的決定性戰役》中寫道：「幾分鐘之內，上百條獨木舟就在特斯科科湖上分散開來，阿茲特克人在狹窄堤道上的許多不同地點登陸，伏擊敵軍縱隊。其他人則靠在西班牙軍隊的兩側，將投射兵器雨點般地扔到卡斯提亞人頭上。移動橋樑承載不住瘋狂逃亡者的重量，很快崩塌了。從此刻開始，唯一的逃脫方法就是踏在掉進運河裡的先鋒部隊人員和馱馬身上過河——他們受驚的戰友們把這些可憐的人和牲畜當成了墊腳物。從特諾奇提特蘭湧出來的人群離開了城市，從後方進攻退卻中的征服者，與此同時阿茲特克人還在西班牙人前方集結部隊阻止他們向前推進。西班牙人有四條單桅帆船——無論要在堤道上進行什麼樣的戰鬥，控制特斯科科湖對於取得勝利都是至關重要的——但它們早已經被焚毀。從水上協助戰鬥是不可能了。在其後六個小時裡發生的事是自哥倫布發現新大陸以來，歐洲人遭遇的最大失敗。」

11 依據維克托·漢森的《殺戮與文化：強權興起的決定性戰役》中的轉述，相關史料也可參閱威廉·普萊斯考特的《墨西哥征服史》。

在這生死存亡的關頭，不得不讓人佩服那些在鎧甲裡塞太多黃金而重裝上陣的西班牙人。他們竟然能把火炮帶上前線，讓馬匹保持鎮靜，並組織好火繩槍手和弓弩手準備發動反擊。但由於人員太多，不久後橋樑因承受不住瘋狂的逃亡者的重量而坍塌了，河溝阻斷了去路。這條河流成為他們的葬身地，直到西班牙人的屍體填滿了堤道上的缺口，那些活著的西班牙人才踩著他們的屍體才上了岸。

位於列隊最前頭的西班牙人可被稱作「幸運者」，緊隨其後的是科爾特斯，還有少數幾名西班牙人。少數活下來的西班牙人在安全抵達湖岸後都表現出了英勇無畏的精神，他們分別是科爾特斯、阿維拉、貢薩洛、莫拉、奧利德、桑多瓦爾等。這些人衝回敵軍當中，試圖救援那些還活著的西班牙人，還有他們的盟軍特拉斯卡拉人。

不過，這一切只能被證明是徒勞的。

維克托．漢森寫道：「一些人被獨木舟上的戰士手中的黑曜石刀片殺死，其他人則被特斯科科湖裡的墨西哥戰士活捉，被捆綁起來拖走。許多墨西哥戰士是出色的泳者，他們在水裡的機動力要比負擔沉重、時常披甲的征服者強得多。科爾特斯本人被擊中，打昏，差點就被銬起來帶走，不過還是讓他的同伴奧萊亞和基尼奧內斯拉回了安全地帶。到早晨時，就連兇神惡煞的德阿爾瓦拉多都最終被擊垮，喪失了對後衛部隊的控制。他失去了馬匹，又受了傷，在跳出水面後獨自蹣跚走向湖岸⋯⋯儘管西班牙人在雨霧彌漫的夜間兵分四路，有序出發，但這次行軍大逃亡很快就陷入各自為戰的混亂狀態中，迷糊困惑的歐洲人被包圍起來，多數人在特斯科科湖上長達一又四分之一英里的堤道上被推進了湖裡。」

位於後方、還未來得及跟上先行列隊的西班牙人看到前面同伴的慘狀後，他們不願意再向前搭上性命了。就算回到特諾奇提特蘭城裡也比死在前方強上許多倍。或者說，他們更願意死在乾燥的土地上完成光榮的最後一戰，也不願在夜間死在充滿惡臭的水域裡。就這樣，大約有兩百名西班牙人回到了特諾奇提特蘭城。而這些人回去後沒幾天就被阿茲特克人殺掉，或者被俘虜後用於獻祭，可謂慘不忍睹。

倖存下來的西班牙人和特拉斯卡拉人最終踏上了湖岸。第二天清晨，他們打算回到特拉斯卡拉人的都城。不過，在回到都城前，科爾特斯必須完成兩項艱巨的任務：首先要冒險將殘部組織起來，然後要率領這支部隊穿越敵占區。

這群倖存者最後終於逃生，如果阿茲特克人在至關重要的最後時刻一路追擊的話，他們就不會為未來的滅亡而感到後悔。因為，西班牙人滿懷仇恨，決定在重振旗鼓後再次殺入特諾奇提特蘭城，一定要消滅掉折磨他們的人。

§

非海洋民族和海洋民族之間的角逐，是否需要一場海上決戰來決定兩者的命運？在歐洲和美洲的文明碰撞中，到底是什麼決定了阿茲特克人的失敗？難道悲痛之夜應該更憂傷嗎？對阿茲特克人而言，他們之後的失敗不是因為沒有追擊逃走的西班牙人，並將他們一一殺戮，冷兵器與熱兵器的不對等交鋒才是關鍵因素之一。這一點，會在海上戰事的向前推進中愈加明顯。不僅在西方，在東方依然如此。

阿茲特克人永遠不會忘記一五二〇年六月三十日—七月一日給予西班牙人的悲痛之夜，也不會忘記一五二〇年七月二日—九日西班牙人的逃亡之旅。悲痛之夜後的破曉時分，近八百名西班牙人戰死或失蹤。就在上個月，科爾特斯帶領的入侵者裡，有一半多的人已經過世，他們要麼在湖底腐爛，要麼在阿茲特克人的宗教儀式上被開膛破肚。這可能還不是最慘的，最慘的是——西班牙人不斷征戰和精心經營的印第安同盟關係轉瞬間全部落空了；科爾特斯構想的和平贏得特諾奇提特蘭城的計畫同樣落空了；阿茲特克人也不再相信西班牙人是神了，因為他們同樣會受傷流血、驚慌逃竄、掙扎死亡。在湖堤上和湖水中約六個小時的屠戮中，科爾特斯感到了從未有過的恐懼——阿茲特克人不僅毀滅掉了他花費一年多時間才組建起來的軍隊，也讓他損失了諸如阿隆索．德埃斯科瓦爾、貝拉斯克斯．德萊昂這樣的得力幹將。

根據推斷，他們活下來的幾率為零，阿茲特克人要麼摘取了他們的心臟，要麼砍下了他們的頭顱。根據萊昂－波蒂利亞在《斷矛》裡的描述：「他們把西班牙人的屍體從其他人當中找出來，成列擺放在一個單獨的地方。他們的屍體就和莖稈上的新芽一樣白，和龍舌蘭的花蕾一樣白。他們把曾載著神靈的死去的牡鹿（馬）扛在肩上。隨後他們把西班牙人在恐慌中拋棄的所有東西都聚在一起。」

阿茲特克人在擺放西班牙人的屍體時，還「收集了西班牙人曾經扔下或掉在運河裡的全部武器——火炮、火繩槍、劍、矛、弓箭——此外還有全部鋼盔、鎖子甲和胸甲，以及金屬盾、木盾和皮盾」，加上他們從院落、堤道、湖岸和湖底搜尋到的戰敗者的武器，阿茲特克人的戰鬥力就這樣得到了不小的提升。

不過，他們在悲痛之夜的作戰意圖，只是為了報復而已。如果他們更加緊密地包圍這支入侵者隊伍，並讓其屈服，就可以像歐洲人透過殺戮的形式終結敵人的抵抗意志，獲得談判機會和政治上無法得到的東西。因此，阿茲特克人的報復心理不過是以他們的「文明方式」發洩了一下憤怒的情緒而已。在歐洲，他們或許更熱衷於殲滅戰，阿茲特克人讓科爾特斯這樣的人落敗而逃，就如同「亞歷山大大帝、朱利烏斯·凱撒、『獅王』查理、拿破崙、切姆斯福德勳爵一樣」，他們這些人在戰敗後往往會在下一次捲土重來的時候進行更為血腥的屠戮。到那時，一支像猛虎、像獅子、像獵豹，更有經驗、更為憤怒的軍隊所到之處，寸草不生。這絕不是信口開河，科爾特斯帶領的西班牙人進入到特諾奇提特蘭城後，給阿茲特克人造成了嚴重損失，這種損失也為後來特諾奇提特蘭的滅亡埋下了後患。在許多戰爭中，無論是陸戰還是海戰，抑或其他，指揮官的作用不可忽視。就在悲痛之夜的幾個星期之前，德阿爾瓦拉多在托克斯卡特節上殺死了毫無防備的墨西哥人中最傑出的軍事領袖（一種說法是科爾特斯默許了部下的殺戮行為）。在之後的一些日子裡，西班牙人還在阿茲特克人正在講話或者毫無防備的時候，無恥地將他們殺戮，包括他們的王依然未能倖免。失去了精神領袖，就如同一盤散沙，連重要的貢賦也就此被打斷了——那些本來就心存芥蒂的部落正好找到不納貢的理由。

悲痛之夜後，許多墨西哥人回到了特諾奇提特蘭城，他們開始清理這座城市，當一切完成後，他們覺得威脅似乎已經過去了。他們並不知道，此時有「七支不同的西班牙分艦隊正從海上開往韋拉克魯斯（Veracruz）[12]，他們從古巴和西班牙運來了更多的火藥、弩、馬匹和火炮，裝滿了嗅到財富氣息的亡命之徒，他們已準備好

12 位於墨西哥灣的西南側，是墨西哥東岸的最大港口，西班牙人控制該港就是要打通這條交通線，為物資和兵力輸送提供方便。

劫掠傳說中有黃金節的國度」。根據維克托．漢森的描述，這支艦隊是在一五二〇年晚秋時節在韋拉克魯斯靠岸的，兩百名士兵成為科爾特斯所帶領的征服者（當時只剩下四百到五百人）的補充力量。

悲痛之夜後將是更大的憂傷襲來，只是這一次完全翻轉了，而且比殺戮更可怕的瘟疫也來了。

02
殺戮與毀滅

一個傳言，將天花帶到特諾奇提特蘭城的是那個來自納瓦埃斯的非洲奴隸。一五二〇年夏天，這種可怕的病毒成為他們征服阿茲特克人的幫兇。病毒在幾乎沒有什麼抵抗力的人群中肆虐，很快，就有數十萬人死於這種病毒的入侵，包括敵我雙方，也包括西班牙人的盟友。對阿茲特克人而言，他們過多地死在這種可怕的病毒下，如果他們死於戰場，至少會給入侵者一些打擊。現在，他們更加恐懼了，因為西班牙人中有些人竟然對天花有免疫能力，阿茲特克人將他們視為神靈或超人。

因此，科爾特斯可以將他的士兵集結起來，在墨西哥人的包圍下緩慢突圍。不過，事情並非如西班牙人想像中那樣順利：比起之前只是相對單一的部落的圍攻，現在顯得力量多元化了——蒙特蘇馬二世死後，奎特拉瓦克

（Cuitláhuac）[13]被阿茲特克人推選為新的領袖，他的大軍在奧通巴小村與科爾特斯的軍隊相遇。根據西班牙方面的相關記載，有四萬墨西哥人集結在一起，科爾特斯的軍隊在經歷了悲痛之夜後力量薄弱，奎特拉瓦克的大軍很快就包圍了他們。

西班牙人遭到了長達六個小時的攻擊，雙方在奧通巴平原上展開對決。在擁有絕對人數優勢的對手攻擊下，西班牙人處於全軍覆滅的危險境地中。在這危急時刻，科爾特斯想到了破敵之策。根據貝爾納爾·迪亞斯·德爾·卡斯蒂略（Bernal Díaz del Castillo，約一四九六—一五八四年）在《墨西哥的發現與征服》中的描述，科爾特斯在情急中突然認出了負責阿茲特克戰線的大首領西瓦科亞特爾及其下屬，因為他們身上滿是裝飾用的色彩明亮豐富的羽毛，而大首領的標誌更為明顯，他的背上扛著阿茲特克人的羽飾旗幟。西瓦科亞特爾也發現了科爾特斯，但他內心充滿奇怪的情緒：他的敵人竟然一點也不害怕他背上恐怖的羽飾旗幟。實際上，就算科爾特斯害怕也無濟於事，他只能置之死地而後生。科爾特斯的策略是組織精銳的突擊隊，利用平原的地形殺出一條血路。於是，他集合了作戰能力最強的槍騎兵，這支突擊

13 約一四九五—一五二二年，古代墨西哥阿茲特克人首領，在反西班牙殖民者的戰爭中以英勇著稱，被捕後寧死也不願吐露阿茲特克人財寶的埋藏地，最後因感染天花而死去。

隊的成員包括胡安．德薩拉曼卡、桑多瓦爾、德阿爾瓦拉多、奧利德和阿拉維。當科爾特斯「見到他（西瓦科亞特爾）和其他墨西哥首領都戴著很大的羽飾後，他告訴我們（西班牙人）的指揮官：『嘿，先生們，咱們衝垮他們，讓他們各個掛彩。』」貝爾納爾．卡斯蒂略的記述應該是比較真實的，他是這場征服之戰的參與者，晚年時寫下了相關內容。

墨西哥人雖然人數眾多，他們在之前的水域地帶取得了巨大的勝利，但在平原地帶情形就大不相同了，面對槍騎兵和劍手的猛烈攻擊，可以說完全無法防禦。戰局開始朝西班牙人一方扭轉，墨西哥人的眾多首領被西班牙槍騎兵撕裂，阿茲特克戰旗也落入到敵人手中。首領的傷亡導致墨西哥人如一盤散沙，成千上萬人逃回了特諾奇提特蘭城。

上述戰鬥可以稱為「奧通巴之戰」，按照西班牙人的說法，這是他們在悲痛之夜慘敗後取得的一次最偉大的勝利。這次勝利的關鍵在於有優秀的指揮官，而墨西哥人喪失了他們的大首領，或者說他們最優秀的指揮官在之前就被殺死了。因此，他們在戰場上顯得沒有凝聚力，或者說缺乏紀律性以及科學的戰場決策。正如威廉．普萊斯考特在《墨西哥征服史》中的描述：「印第安人全力以赴，基督徒則受到了疾病、饑荒和長久以來痛苦的破壞，沒有火炮和火器，缺乏之前常常能夠給野蠻敵人製造恐慌的軍事器械，甚至缺乏常勝名聲對敵軍造成的恐怖。但紀律在他們一邊，他們的指揮官有著不顧一切的決心和不容置疑的信心。」

科爾特斯帶領著為數不多的西班牙人最終殺出了重圍。但他的追隨者經過這次恐怖之旅後對墨西哥產生了厭倦之情，他們已經不願意再繼續進行征服事業了，準備前往韋拉克魯斯，再找到返回古巴的通道，而那些還在特諾奇提特蘭城的西班牙人則無比憤怒，覺得科爾特斯已經放棄他們了。此外，一支由四十五名西班牙人組成的營救隊伍也在趕往韋拉克魯斯的途中受到墨西哥人伏擊，損失慘重。

因此，對於歷經千辛萬苦才逃出來的科爾特斯來說，他必須重整旗鼓。許多人都沒有想到他能活著回來，並在短短的十三個月內再次回到特諾奇提特蘭城，將阿茲特克徹底征服。

阿茲特克的毀滅，或者說特諾奇提特蘭的毀滅，其時間並不長，從一五二一年四月二十八日至八月十三日，也不過一百多天的時間。

西班牙人在一五二〇年七月九日安全抵達特拉斯卡拉城鎮韋約特利潘後，這些人經過近五個月的休整逐漸恢復了元氣。七月，西班牙政府給特拉斯卡拉人開出了十分誘人的條件：可以獲得從特諾奇提特蘭城得來的一部分戰利品；永久免除貢賦；在征服阿茲特克人後可以在特諾奇提特蘭城中據有一處堡壘。而特拉斯卡拉人需要履行的義務是，從部落附近集結五萬名戰士，用於攻克特諾奇提特蘭城。八月，科爾特斯開始著手重整軍隊，隨後率領數千特拉斯卡拉人突襲了特佩亞卡的要塞，對周邊的村莊有計劃地進行蹂躪。九月，西班牙人開始抽選優秀的工匠，他們大都來自特拉斯卡拉，由馬丁．洛佩斯統一管理運營，以最快的速度建造出十三艘能在特斯科科湖下水的雙桅帆船，這些雙桅帆船將以分解的形式翻山運往特諾奇提特蘭城。

九月底，致命的天花病毒繼續蔓延，從韋拉克魯斯一直蔓延到特諾奇提特蘭城。數以千計的墨西哥人在一片無知中死去，他們以為這種病毒帶來的身體反應只是一般的皮膚病而已，這種病毒的可怕性直到若干年後墨西哥倖存者重提舊事才讓人們瞭解到一些真相。倖存者向一個名叫貝爾納迪諾．德薩阿貢（Bernardino de Sahagún）的修士講述了由天花引起的可怕症狀。對此，萊昂—波蒂利亞在《斷矛》中有相關的描述：「我們臉上、胸膛上、肚皮上在發疹，我們從頭到腳都有令人極度痛苦的瘡。疾病極為可怕，沒人能夠走動。得病者全然無助，只能像屍體一樣躺在床上，連指頭和腦袋都沒法動。他們沒法臉朝下躺著或者翻身。如果他們的確動了身子，就會痛苦地吼叫。很多人死於這一疫病，還有許多其他人死於饑餓。他們沒法起身找尋食物，其他人也都個個太過虛弱，沒法照料他們，結果只能在床上餓死。一些人的病情較為溫和，比其他人受苦更輕，康復狀況良好，但他們也不能完全擺脫疫病。

他們毀了容，皮膚上出疹的地方留下了難看的疤痕。倖存者中的一小部分人完全瞎掉了。」

就連蒙特蘇馬二世的繼承者奎特拉瓦克也未能倖免，死於可怕的天花病毒。接任的是年輕、魯莽的考烏特莫克（Cuauhtémoc，一五二〇—一五二一年在位），他是蒙特祖馬二世的侄子，在保衛特諾奇提特蘭城中表現英勇，在武器和戰鬥力較弱的情況下利用了特斯科科湖的地利，即控制住該湖的湖面，因為特諾奇提特蘭城就在湖的中央位置。為了對付西班牙人的雙桅帆船，他命令阿茲特克人在湖中打下大量木樁，讓雙桅帆船擱淺，再用獨木船發動攻擊。他還善於利用心理戰術，西班牙俘虜被押往特諾奇提特蘭城最宏偉的維齊洛波奇特利（Huitzilopochtli）神廟後，在恐怖的部落音樂伴奏下，他們被剖胸取心、剁去四肢、剝皮吃掉。根據一名叫卡斯蒂略的西班牙士兵回憶，可怕的「活人祭」的確給敵軍造成了巨大恐懼感——西班牙人在遠處能清晰地看到這可怕的場景。在考烏特莫克的率領下，阿茲特克人多次擊退科爾特斯的軍隊。被俘後，考烏特莫克遭受了許多酷刑，譬如西班牙人用滾燙的油澆淋其雙腳。一五二五年，他被科爾特斯以絞刑處死。考烏特莫克是在「不到一年時間裡第三位和埃爾南·科爾特斯打交道的阿茲特克皇帝」，他已經做了最大的努力保衛特諾奇提特蘭城，最終還是投降了，向西班牙人交出了一座廢墟般的特諾奇提特蘭城。

§

一五二〇年晚秋，一種陰鬱的氣氛籠罩在特諾奇提特蘭城。七支西班牙艦隊在韋拉克魯斯靠岸，它們將為科爾特斯補充兩百名士兵，還有大量火藥、火炮、火繩槍、弩以及一些馬匹。考慮到馬匹數量較少，需要準備更多的彈藥，科爾特斯派出船隻前往伊斯帕尼奧拉島（Hispaniola）和牙買加索取。到一五二〇年十二月底，好消息傳來，他的手下桑多瓦爾征服了特拉斯卡拉和海岸間的所有部落。這樣一來，西班牙人就能夠從韋拉克魯斯安全地輸送兵力到特拉斯卡拉的大本營了。對阿茲特克人而言，他們的特諾奇提特蘭城可以透過水運得到充分的補給，前提是補給線沒有遭到西班牙人的封鎖；對西班牙人而言，他們可以透過大西洋為韋拉克魯斯安全地提供補給。這就是說，即便阿茲特克人可以透過獨木舟進行補給或作戰，但無法像西班牙人那樣建造出當時先進的風帆艦船，因此他們只能眼巴巴地看著越來越多的歐洲人和各種先進武器在韋拉克魯斯登陸。

這場關乎特諾奇提特蘭存亡的戰爭的結局寫在了無盡唏噓的故紙堆裡。但它不會是我們輕易理解的簡單的成與敗的結論，它將是歐洲人粉碎一個文明的種種手段的彰顯。

當阿茲特克人看到「浮動的群山」——風帆艦船駛向韋拉克魯斯時，他們知道一場激烈的戰爭即將到來。到一五二一年的新年為止，在科爾特斯的精心布局下，西班牙人已經蕩平了韋拉克魯斯與特諾奇提特蘭之間的大部分敵對部落。由此，西班牙人獲得了充足的補給和新增的士兵。與之同時，科爾特斯制定了龐大的造船計畫，確保步兵和騎兵返回湖上堤道時得到保護。到一五二一年四月初，大約一．〇五五萬的兵力抵達了特諾奇提特蘭的城郊。這支軍隊包括了大約五百五十名西班牙步兵，這些步兵當中有八十名優秀的火繩槍手和弩手，另外還配備了至少四十匹新銳戰馬、九門火炮。而一萬名最優秀的特拉斯卡拉戰士的加入讓這支軍隊的行軍速度更快了，畢竟對地形的熟悉莫過於當地的部落人群了。科爾特斯的策略是，在風帆艦船下水進發的時候，利用掃蕩分隊有計劃、有步驟地截斷特諾奇提特蘭城的飲水供應；利用大軍壓境的氣勢迫使阿茲特克人投降。如果阿茲特克人選擇一戰，那麼他的軍隊將在戰鬥中想盡一切辦法擊敗敵人，到那時，他將允許特拉斯卡拉人逐個街區地摧毀特諾奇提特蘭城，允許特拉斯卡拉人實施殘忍的劫掠，就像亞歷山大把底比斯夷為平地，然後讓「周邊的維奧蒂亞人（《荷馬史詩》中稱為卡德美亞人，屬希臘一族，主要生活在維奧蒂亞地區）肆無忌憚地劫掠、奴役、殺害倖存者」那樣。

一五二一年四月底，科爾特斯的軍隊在征服了阿茲特克人的納貢國後，抵達特斯科科湖的堤道。隨後，這支軍隊對特諾奇提特蘭城展開封鎖。這一策略非常奏效，湖岸上和墨西哥谷地的多數城市都已經屈服於科爾特斯，甚至派兵加入到他的軍隊。一五二一年四月二十八日，馬丁·洛佩斯的艦隊在經過重裝後，於特斯科科湖下水。這樣一來，阿茲特克人就無法利用獨木舟攻擊堤道上的西班牙人了。

因為被封鎖「在一個沒有馬，沒有牛，甚至沒有輪子的世界裡，像特諾奇提特蘭這樣一個二十五萬人口的城市只能透過水運供給。事實上，它的日常生存依靠的是數以千計的獨木舟從湖上運來的成噸玉米、魚、水果和蔬菜。毀滅獨木舟船隊不僅削弱了阿茲特克的軍事力量，也用饑餓迫使城市就範」。[14]

越來越多的征服者聚集在特諾奇提特蘭城外，這是一支數量龐大的西班牙——印第安軍隊，有人認為大約有五萬人，不過，更為確切的數字應該是五萬到七萬人。考慮到阿茲特克人的殘暴手段，許多西班牙士兵佩戴了鋼盔，少數人還有胸甲和盾牌。僅僅是先頭部隊就有七百至八百名西班牙步兵、九十名騎手、一百二十名弩手

14 參閱維克托·漢森的《殺戮與文化：強權興起的決定性戰役》。

和火繩槍手，三門重型火炮和一些小型的隼炮，而十四艘雙桅帆船的加入更是讓他們如虎添翼。

科爾特斯命令他的得力幹將德阿爾瓦拉多、奧利德、桑多瓦爾各自率領四分之一的部隊沿著三條主要堤道進入特諾奇提特蘭城，並將通往特拉科潘的堤道敞開，以便讓那些準備逃跑的人離開城市，從數量上再次削弱阿茲特克人的力量。他本人則率領剩餘的士兵（大約三百名）登上雙桅帆船。

最讓阿茲特克人氣憤的是那些幫著西班牙人攻打特諾奇提特蘭城的印第安人。漢森在《殺戮與文化：強權興起的決定性戰役》中寫道：「數以千計的特斯科科人和特拉斯卡拉人將會跟在帆船後面——特斯科科人領袖伊斯特利爾斯奧奇特爾後來聲稱，他的族群在科爾特斯的大艦隊中操縱了一萬六千條獨木舟參加戰鬥。這支聯合艦隊將支援三路陸上進攻，加強封鎖，殲滅敵軍船隻。」

因此，特諾奇提特蘭城面臨的困境越來越嚴重了，到一五二一年六月一日，這座城市的活水供應已經被全部切斷。更為嚴峻的是，阿茲特克人為了防禦多路進攻的敵人而修建的特佩波爾科島嶼要塞也失守了。

西班牙人確定圍攻特諾奇提特蘭城的時間是一五二一年五月三十日，從這一天到特諾奇提特蘭城毀滅的八月十三日，一共七十五天。在這七十五天裡，特諾奇提特蘭城經歷了難以想像的困境。

由於阿茲特克人的數量遠遠超過入侵者，這可能也是他們決定抗擊的一個重要原因。在圍城的時間裡，入侵者的推進並不順利。為了抵擋西班牙人的雙桅艦船，阿茲特克人在考烏特莫克的領導下，採取在特斯科科湖的淤泥上插入尖銳木樁的方法，迫使西班牙人的雙桅艦船擱淺。這一方法確實奏效，阿茲特克人甚至登上了西班牙人的旗艦，如果不是馬丁·洛佩斯的英勇表現，旗艦和旗艦上的人員，包括船長都會被俘。然而，當西班牙人發現提升艦船的航速就能破解尖銳木樁帶來的擱淺難題後，阿茲特克人的這一戰術就失去作用了。

即便如此，入侵者依然只能沿著堤道緩慢地向前推進，勇敢的阿茲特克人用他們的血肉之軀阻擋入侵者的前進步伐。而科爾特斯也不愧是「精明的殖民者」。白天，他們攻入郊區；晚上他們就退回到安全地帶，這些安全地帶是被西班牙人填補的堤道。簡單來說，科爾特斯採取的是步步為營的策略。一旦所有的堤道填好，西班牙人就能拆除特諾奇提特蘭城的街區，摧毀他們的神廟，還有居住區，以便保持進退自由的態勢。當然，阿茲特克人必不會束手待斃，他們設計了伏擊點，遺憾的是面對西班牙人強悍的騎手、弩手和火繩槍手，他們的伏擊點大都被清除了。另外，科爾特斯借鑒了兩千年來歐洲圍城戰的經驗，譬如把城市的水、食物供應和衛生設施作為攻擊目標——這一點，希臘人做得很好——同時針對守城的薄弱環節發動輪番攻擊，用以擴大饑荒及疫病的傳播，從而對守城一方造成沉重打擊，繼而瓦解他們的作戰意志。

科爾特斯步步為營和瓦解敵人作戰意志的策略讓阿茲特克人飽受摧殘，考烏特莫克努力地想著破敵之策。到六月底的時候，他將特諾奇提特蘭城的倖存人口、神像轉移到鄰近的北側島嶼郊區特拉特洛爾科（Tlatelolco）。這一策略無疑是正確的，它給西班牙人帶來一種錯覺，認為阿茲特克人已經落敗，正在逃竄。考烏特莫克將倖存的人口轉移到特拉特洛爾科既是為了獲得更多的作戰人員，因為那裡的人口更為稠密，也是為了更好地發揮城市作戰的效果，因為特諾奇提特蘭城已經遭受到較為嚴重的破壞了。這就是說，阿茲特克人要想取得這場戰爭的勝利，除了解決水源、食物之外，還要讓西班牙人的戰馬衝鋒和步兵列隊沒有足夠的施展空間，也不能讓西班牙人的火炮和火槍擁有清晰可見的射界。

當作戰區域發生變化，特拉特洛爾科人也加入了這場都城保衛戰，在曲折狹窄的街道上保衛者們勇敢地衝向入侵者，並成功地切斷了他們通往堤道的退路。「科爾特斯本人也被打下馬」，好幾次差點被敵人拖走，幸虧是屬下「克里斯托巴爾·奧利德（Cristóbalde Olid）[15]和一位無名特拉斯卡拉人奮力砍殺憤怒的墨西哥人，砍斷了他們的手」，這樣才救出了他。

這是發生在特拉特洛爾科戰場的首場伏擊戰，入侵者遭受了較為慘重的失敗，有二十人喪命，超過五十名西班牙人被捆綁起來拖走。在隨後的戰鬥中，數以千計的入侵者要麼被殺，要麼被俘。一艘雙桅艦船也被擊沉，還丟失了一門火炮。

保衛者透過心理震懾方式擴大新戰場的勝利影響。一些西班牙戰俘被砍了頭，在入侵者撤退的時候展示出來，並「聲稱他們是科爾特斯和他的軍官」，但實際上科爾特斯已經被屬下救走了。不久，西班牙人在抵達安全地帶後就聽到恐怖的鼓聲，阿茲特克人的活人祭開始了。根據貝爾納爾．卡斯蒂略在《墨西哥的發現與征服》中的描述：「當他們把我們（戰俘）弄到神廟前面放置在他們那些可憎偶像的小平臺上時，我們看見他們在我們許多戰友的頭上戴上羽飾，讓他們拿著扇子似的一種

15 一四八七—一五二四年，西班牙冒險家，科爾特斯的軍需官，並擔任其中一支部隊的指揮官，多次拯救長官於危難之中。

東西，在維齊洛波奇特利神[16]之前跳舞。跳舞之後，墨西哥人把我們的戰友們放在用於祭神的不太厚的石塊上，用燧石刀剖開他們的胸膛，剜出活跳的心，奉獻給放在那裡的偶像。墨西哥人把屍體從臺階上踢下去，等在下邊的另外一些印第安屠夫便把屍體的四肢剁去，剝下面部的皮，留待以後鞣製成像做手套用的那種皮革，並把它連同鬍鬚保存起來，以便舉行酒宴時用來歡鬧；他們還拿人肉蘸著辣醬吃。」

這種可怕的祭祀儀式，一方面是為了給入侵者造成恐懼的心理陰影，從而威懾敵人，另一方面則是阿茲特克人相信他們的維齊洛波奇特利神會回來。根據傳說，維齊洛波奇特利神在「蘆葦年」（一五一九年）會回來，之前他們的神被特斯卡特利波卡神（Tezcatlipoca）[17]趕走了。然而，十分湊巧的是，「蘆葦年」正是西班牙入侵者到來的年份。由於阿茲特克人很少與更為廣闊的外界發生聯繫，他們彷彿就活在自己的桃花源世界裡，當他們看到西班牙人的艦船從海上駛來時，強烈的視覺

16 阿茲特克人信仰的羽蛇神，即一條長滿羽毛的蛇，它是大地力量和植物生長之神，也象徵著死亡和重生，常被祭司用人的心臟進行祭祀。

17 阿茲特克神話中最重要的神祇之一，其意指「會冒煙的鏡子」，因為他的右腳上一塊有用黑曜石做的鏡子，可以發出耀眼的光芒。特斯卡特利波卡神相貌奇異，全身漆黑，是一個能使用雷電的巨人，統轄著太陽，具有至上的神力，並能操縱人類的命運。

效果讓信使將西班牙人描繪成天神降臨。加之信使看到的西班牙人是白膚色的，且留著濃密的長鬍鬚，於是說他們騎在一種奇怪的動物（馬）身上，簡直就是半人半神的化身。蒙特蘇馬二世見到他們的時候（一五一九年十一月八日）驚喜萬分，竟然相信西班牙人就是維齊洛波奇特利神派來的使者，熱情地招待了他們。殊不知，這就是阿茲特克人悲劇的開始。當西班牙人露出貪婪、真實的嘴臉後，他們的世外桃源就不再平靜了，從很大程度上來講，阿茲特克人希望用入侵者的心臟召回真正的維齊洛波奇特利神。

無論出於哪種目的，阿茲特克人的心理威懾已經產生作用了。西班牙人害怕的悲痛之夜的景象再次出現了。阿茲特克人在恐怖的鼓樂聲中，用他們的民族語言朝著西班牙人大呼狂喊，把烤得吱吱冒油的大腿和碎肢投向敵人。根據《征服新西班牙信史》中的記載：「那些神使（西班牙人）的肉和你們弟兄的肉我們已經吃得太飽了，你們也可以來嚐嚐。」一些西班牙人看到吱吱冒油的大腿和碎肢，當場嚇得暈厥過去，有些人不停地嘔吐……，阿茲特克人正在吃著西班牙人，許多被捆綁著的征服者在被插上羽飾後，沿著金字塔臺階而上，最後走向死亡。

很快，這場「活人祭」就傳播開來，那些背叛者和投靠西班牙人的部落陷入到恐慌中，他們害怕阿茲特克人還會打回來，到那時，更為恐怖的懲罰就會降臨到他們身上。一時間，幾乎所有的印第安同盟就要分崩離析了。

這會是阿茲特克人命運的轉機嗎？「精明的殖民者」科爾特斯將如何應對？

§

步步為營的策略是沒有問題的，但戰場發生變化後，西班牙人遭受到一些挫折。對阿茲特克人而言，他們應該乘勝追擊，然而，就像悲痛之夜那樣，他們未能絕殺入侵者——七月的大部分時間裡，阿茲特克人沒有強攻入侵者的營地。這無疑是令人唏噓的！

如果阿茲特克人抓住了戰機，就一定能勝利嗎？或許，科爾特斯做夢都會感激饑餓、疾病和瘟疫的巨大殺傷力，還有數以千計的戰鬥傷亡，已經讓這座城市失去了進攻能力。活人祭的戰術已經不能阻止入侵者，受挫後的科爾特斯反而更加確信這場戰爭的勝利是屬於西班牙人的。

事實的確如此，到七月下旬為止，阿茲特克人已經被這場戰爭折磨得疲憊不堪，再也沒有能力切斷堤道了。因此，入侵者可以自由出入特諾奇提特蘭和特拉特洛爾科，來自韋拉克魯斯的補給也能暢通無阻地運到入侵者的手裡。讓科爾特斯特高興的是，他可以命令士兵前往波波卡特佩特火山（Popocatépetl，位於墨西哥城東南約七十二千公尺處，是世界上最活躍的火山之一）自由自在地採集用於製造火藥的重要原料硝石了。年輕的考烏特莫克無法阻止這一切，心力交瘁的他愈發不能組織起有效抵抗了。阿茲特克人面臨的絕境在科爾特斯寫給卡洛斯一世（即神聖羅馬帝國皇帝查理五世，在西班牙被稱為卡洛斯一世）的一封信中有相應描繪，依據他在《墨西哥來信》中的內容：「這座城裡的人們不得不在死者身上行走，其他人則遊進或是淹死在分布著他們的獨木舟的寬闊大湖的水裡。事實上，他們所受的苦難極為巨大，我們完全無法理解他們怎樣忍受住了這一切。無數的男子、婦女和兒童跑到我們這邊來，他們急於逃脫，許多人擠進水裡，淹死在許多屍體之中。而且似乎有超過五萬人因為飲用鹹水或饑餓而惡臭地死去。所以，要是我們沒發現他們所處的困境的話，會認為他們是既不敢跳進雙桅帆船可能發現的水裡，也不敢躍過分界線，跑到士兵可能看見他們的地方的。因此，我們在他們所在的那些街道上遇到了成堆的死者，被迫在他們身上行走」。[18]

比上述絕境更慘的是饑餓和瘟疫的籠罩。那些出去尋找食物的阿茲特克人幾乎都

18 詳情參閱貝爾納爾．卡斯蒂略的《墨西哥的發現與征服》。

被西班牙人屠殺了，實在沒有辦法，他們就吃掉自己人。算上致命的天花、戰爭死亡，這場戰爭導致的死亡人數超過了一百萬，幾乎是整個特諾奇提特蘭的人口數量。根據費爾南多・德阿爾瓦・伊斯特利爾斯奧奇特爾（Fernando de Alva Ixtlilxochitl）在《科爾特斯聯盟》中的描述，考烏特莫克在投降後說道：「啊，指揮官，我已經盡了權力範圍之內的一切來捍衛我的帝國，讓它從你的手中解脫。既然我的運數已經不利了，就拿走我的生命吧，這非常公平。做到這一點，你就會終結墨西哥帝國，因為你已經摧毀了我的帝國和附庸。」[19]

讓人悲憫的是，雖然考烏特莫克投降了，但他最終沒有逃過莫須有的罪名，被科爾特斯下令絞死了，罪名是煽動印第安盟友叛亂。這是一場極不對等的戰爭，導致的死亡人數超過一百萬，從科爾特斯由韋拉克魯斯進軍開始算起，到戰爭結束，西班牙人的損失不超過一千人。當特諾奇提特蘭城徹底陷落後，慘絕人寰的大屠殺，

19 此處依據維克托・漢森的《殺戮與文化：強權興起的決定性戰役》中的轉述，費爾南多・伊斯特利爾斯奧奇特爾曾以印第安人的視角寫下了這段征服歷史。在墨西哥國家人類學博物館，曾展覽過一部由無花果樹樹皮製成的珍貴古抄本，這部古抄本是有關於阿茲特克人、瑪雅人的諸多珍貴史料。由齊瑪律帕赫恩和伊斯特利爾斯奧奇特爾兩位土著歷史學家共同完成。

以及隨後幾十年內爆發的天花、麻疹、鼠疫、流感、百日咳和腮腺炎等流行病，這些天災人禍將讓墨西哥中部的人口數量從科爾特斯登陸時的八百多萬下降到半個世紀後的不足一百萬人。

科爾特斯和跟隨他的入侵者，以優勢的海洋文明摧毀了一個古老而燦爛的劣勢文明。在這場殘酷的殺戮戰爭中，文明的差異化導致對待這場戰爭的態度有所不同。歐洲冒險者利用當時先進的航海技術自然地、偶然地，甚至是有目的地發現一塊又一塊新大陸，然後盡可能地將它們變為殖民地。在這個過程當中，既有血腥的入侵，也有以宗教名義的入侵。對阿茲特克人而言，面對不同的宗教和文化碰撞，他們選擇的是以更為恐怖的活人祭恐嚇威懾入侵者，而非以更大的熱忱和更豐富的作戰經驗徹底擊敗入侵者。

按照美國歷史學家維克托．漢森的觀點，這種戰爭模式就是「鮮花戰爭」。也就是說，這種戰爭更像是一種表演，當這種戰爭發生在雙方的精英戰士中，沒有太多的殺戮時，阿茲特克人是明顯占優勢的，這取決於他們的身體素質和地理環境，還有他們熟練的捆綁技巧。阿茲特克人能夠把敵軍打暈，捆綁後熟練地穿過佇列回到陣營，這點恐怕沒有多少西班牙人可以做到，除了他們的盟友。然而，這又是致命的缺點，包括在水上作戰，這種只想稍微摘得勝利果實的作戰模式意味著阿茲特克人在抵抗入侵者的幾個月時間裡，放棄了多年來的軍事訓練成果。特別是他們在面對西班牙人一擊就斃命的劍手和長矛手時，不對等的廝殺就愈加明顯了。原始的作戰武器如橡木、獸皮、棉花、石頭、燧石和黑曜石，無法大量殺死入侵者。就連劍和長矛都是木制的，雖然在雙刃上嵌有黑曜石片，這種武器在銳利程度上可以同金屬相提並論，但就整體性能而言，僅經過初次作戰，刃部就會出現崩裂現象，如果與更為堅固的武器作戰，就更必不說了。阿茲特克人使用的「劍是沒有劍尖的」，長矛的石矛頭也不過是「低劣的戳刺兵器」罷了。

阿茲特克人的指揮官也發現他們的士兵無法對抗西班牙人的諸多兵種，譬如在水上作戰時，他們除了用木樁、獨木舟和長矛之類的武器，似乎就別無他法了。因此，土著指揮官們轉而依靠一系列有可能傷害到西班牙人「手臂、腿部、脖子、面部的投擲兵器」。這些兵器當中最主要的要數投矛器了，它是用「大約兩英寸長的木棍製成的，其中一端有凹槽和鉤子，以便放置投射物」。另一種是火烤過的標槍，偶爾也會使用燧石當槍頭。在具體的使用過程中，其有效的殺傷距離在四十五公尺內，但是它們遇上有盾牌、盔甲和胸甲的士兵時就無法產生致命效果了。如果戰場在水面上，這種武器更無法面對船堅炮利的西班牙人。當這些投擲武器用於大規模作戰時，也不會產生巨大的效果。就連他們使用的彈弓也是單體的，而非歐洲或東方的複合弓。雖然他們知道連續發射利箭的重要性，也知道利用箭袋多裝備一些利箭，但是這種連續的快速射擊依然是大打折扣的，最重要的一點就是體能。更何況阿茲特克人的利箭多是以黏合的角、皮和木製成，而非金屬。因此，可以肯定地總結：阿茲特克人的武器落後於十八個世紀之前的亞歷山大大帝時期。

我們或許會對這樣一個現象產生疑問：墨西哥有著精密武器產業所需的一切自然資源，像塔斯科（Tasco）有豐富的鐵礦，米卻肯（Michoacán）有豐富的銀礦，波波卡特佩特火山口有豐富的硝石，阿茲特克人為什麼身處在聚寶盆中卻對此置之不理呢？或者說，阿茲特克人為什麼只能製造出黑曜石刃、標槍、弓箭和棍棒之類的原始武器？流行的解釋是：「阿茲特克戰爭在很大程度上是旨在俘虜而非殺戮，石刃就足以對抗裝備類似的中美洲人了。」

不過，這種說法會給人一種誤解，認為阿茲特克人並不是沒有能力「製造出能與歐洲人相匹敵的兵器」。實際上，根據當時的生產和技術水準，阿茲特克人並沒有掌握製造金屬兵器或火器的技術，他們只是占據了這樣得天獨厚的地方，至於深度挖掘還需要更多的時間。顯然，他們沒有等到這樣的時刻，入侵者就來到了。在他們生活的區域裡，儘管戰爭不可避免，阿茲特克人只需要憑藉數量龐大的軍隊和非金屬的兵器發動部落戰爭即可，這種戰爭形式很像祖魯人的作戰和日爾曼部落的進攻一樣，許多時候都是採用包抄的作戰模式。具體來說，數量龐大或成群的部落戰士有計劃地包抄敵軍，負責前方作戰的部隊快速實施圍攻，有機會的情況下則打暈敵軍，而那些逃竄的敵軍在有計劃的包抄下只能鑽進越來越小的包圍圈裡，被打暈和俘虜的敵軍都會被送到後方捆起來帶走。只是，這種作戰模式不適合遠距離作戰，特別是在水面作戰中更是不可行。

首先，勝利者和失敗者都混在一群人裡會增加補給的負擔；其次，俘虜和軍隊一起行軍返回將導致阿茲特克人無法實施遠端作戰計畫，因為確保俘虜不逃走和反抗會減少能夠用於遠程作戰的士兵人數。因此，更多的時候，當看到敵方首領或他們的旗幟倒下，這場戰爭就結束了。這也能解釋為什麼阿茲特克人在取得較大戰果的時候，竟然不去追殺入侵者。

根據派特里夏·德富恩特斯（Patricia De Fuentes）在其著作中關於奧通巴之戰的記載，我們可以得到印證：「科爾特斯在印第安人中殺出一條道路時，不斷認出並殺死敵軍中因為攜帶金盾而容易被識別的首領，同時絲毫不和普通士兵糾纏。憑藉這種特殊的作戰方式，他得以衝到敵軍總指揮面前，用長矛一下戳死了他……就在他這麼做的時候，迭戈·德奧爾達斯指揮下的我方步兵已經完全被印第安人包圍起來，他們的手幾乎碰到了我們。但當統帥科爾特斯殺死他們的總指揮後，他們就開始撤退，給我們讓出一條道來，因此幾乎沒有人來追擊我們。」[20]

而歐洲人，他們可以依賴每天用船運進來的上千噸食物——先進的航海技術以及大型船隻足以保證他們這樣去做——然後他們利用一小群精英對部落首領進行斬首行動，從而摧毀這個部落或者帝國的架構。西班牙人是生活在溫帶氣候中的海洋民族，他們在長期的海陸作戰中積累了豐富的經驗。也就是說，那些在海陸戰場上倖存下來的士兵，他們能夠不分時節、晝夜、內外和海陸進行作戰，不會因為自然條件的限制而束手束腳。此外，先進的作戰武器也為西班牙人的作戰能力提供保障，因為他們設計武器的首要原則是如何將敵人殺死。

即便如此，我們也不得不為阿茲特克人透過活人祭來震懾敵人感到驚恐。我們很難想像他們在原始武器的作用下殺死如此多的人。譬如在阿茲特克帝王阿維措特（Ahuitzotl，年代不詳—一五〇三年，阿茲特克第八代帝王）統治時期，一四八七年的某一天，在特諾奇提特蘭城的維齊洛波奇特利大神廟進行了一場長達四天的活人

20 依據《殺戮與文化：強權興起的決定性戰役》中的轉述，詳情參閱派特里夏·德富恩特斯的《征服者：征服墨西哥的第一人稱敘述》（*The Conquistadors: First Person Accounts of the Conquest of Mexico*）。

祭，其血腥程度讓人不敢直視。這是為了慶祝神廟修建完畢而進行的祭祀活動，八．〇四萬名戰俘成為神廟的獻祭者。然而，如此數量的祭祀殺戮就算在工業化時代，也是一個巨大的挑戰。我們可以輕易計算出阿維措特要在九十六小時裡殺掉八．〇四萬名戰俘，意味著每分鐘就要殺掉十四名左右。這是異常令人吃驚和戰慄的，其殺人頻率遠遠超過了被稱為「死亡工廠」的奧斯維辛集中營每日屠殺的記錄（根據推算，集中營每天約有六千人被殺害）。僅從殺戮的角度而言，他們和西班牙入侵者沒有什麼區別。唯一不同的是，他們「以奇怪的作戰法替代戰場上的真實殺戮」。維克托．漢森認為，「他們在恐怖的洞察能力基礎上，以一支致命的軍隊為後盾，佐之以龐大的進貢體系，創建了鬆散又牢固的政治帝國」。也就是說，阿茲特克人殺戮的目的在於維護進貢體系，為了讓這種進貢神聖化，他們採用了活人祭的方式。這與歐洲入侵者建立殖民地的呈現形式有所區別，當然，從政教合一的角度來講，或許都是殊途同歸的。[21]

對征服者而言，他們的內心世界又是如何的呢？表面看來一定是臭名昭著、粗劣

21 更多的相關內容可參閱凱倫．法林頓的《宗教的歷史》。

殘忍的。許多征服者都是狂熱的西班牙基督徒，但讓人覺得諷刺的是，他們生活在善惡分明的摩尼教式的世界裡。在卡洛斯五世統治下的十六世紀的西班牙，正處於宗教裁判所[22]的時代。所有為國王服務的人都必須無條件、無異心地忠於國王，忠於已經陷入困境的正統的天主教。被指控有異心的理由可以來自日常洗澡、閱讀書籍、交往傾談中，不一而足。因此，在那個時代被汙蔑和陷害者大有人在：焚燒女巫、嚴刑拷問、祕密法庭……這些都令人們恐懼萬分。猶太人、摩爾人和新教徒更是驚恐不已，他們隨時會成為被懷疑、指控及攻擊的對象。

在這樣的環境下，幾乎「每個揚帆西去的征服者都會堅守遵從正統天主教的意識形態」。這一點，也可以從科爾特斯進入特諾奇提特蘭城後，要求阿茲特克人推倒他們的神像，改信天主教得到印證。在德富恩特斯的著作裡也描述了西班牙人對阿茲特克人的可怕的祭祀儀式的反感：「新西班牙行省的所有人，甚至包括那些在鄰近省份的人都吃人肉，把它視為比世界上任何其他食物價值更高的東西。他們極為重視人肉，以致時常僅僅為了宰殺並食用人類就冒著生命危險發動戰爭。如我所述，

22 也叫異端裁判所，一二三一年，天主教會教宗額我略九世決意由道明會設立宗教法庭，用於偵查、審判、裁決天主教會認為是異端的人士。卡洛斯五世時代的宗教裁判所於一四八一年正式開始實行。

他們當中的絕大部分都是雞奸者，而且還過量飲酒。」[23]

從這樣的描述中，我們不難看出西班牙人的內心是充滿反感情緒的。對西班牙教會，或者說那些篤信正統天主教的西班牙人而言，他們會覺得如果能把阿茲特克異教徒解救出來，這些人就會感謝聖母。而征服者也會獲得黃金和土地，也能做一名拯救靈魂、轉化靈魂的使者。因此，他們會說「儘管殺戮是錯誤的，也是無效的，但墨西哥人與其作為活著的惡魔工具存在，還不如死掉了事」。

殘酷的殺戮或許是不得已而為之，這樣的理由是多麼諷刺，只要有入侵，悲痛之夜就不會停止。在宗教的審視角度下，不過是為入侵、殺戮找到一個冠冕堂皇的理由罷了。阿茲特克文明，遍地黃金的特諾奇提特蘭，在西班牙人的巨浪前行中不幸成為殺戮的對象，這是否是先進海洋文明對決落後內陸文明的產物，歷史會有公論。

23 詳情參閱派特里夏·德富恩特斯的《征服者：征服墨西哥的第一人稱敘述》。

03
「無法解釋」的困惑

為什麼西班牙人會獲勝？僅是因為掌握了先進文明嗎？

要知道，居住在特諾奇提特蘭和特拉特洛爾科這兩座島嶼城市的阿茲特克人就有近二十五萬，另外還有一百多萬說納瓦特爾語的墨西哥人沿湖居住，他們都是向阿茲特克帝國納貢的臣民。更多居住在墨西哥谷地之外的人也在向這個帝國納貢。縱觀特諾奇提特蘭城的歷史，這座城市的文明程度是讓人驚歎的：堤道的拱形設計體現了力學的完美運用；巨石型的輸水渠孕育著這裡的生靈；體積龐大的神廟勝過同類的金字塔；人工湖有數以千計的獨木舟組成船隊保衛著；浮動的花園宛如巴比倫空中花園；各種裝飾品以及人們佩戴的飾物上的黃金在陽光的照射下閃耀著金光……，這一切都足以讓人驚異不已。與同時代的歐洲城市相比，後者自慚形穢。

西班牙人的勝利，或者說是科爾特斯的勝利，在很長一段時間裡，墨西哥和歐洲的批評家們提出了這樣的觀點：土著盟友的支持，疾病瘟疫的肆虐，科爾特斯本人的軍事天才，武器的先進……，實際上，上述的說法或多或少存在值得商權的地方。

土著盟友的加入是否就是獲勝的關鍵，取決於他們在戰爭中的作用。在西班牙人沒有入侵之前，許多印第安部落未能推翻這個強大的帝國——強大的特拉斯卡拉部落也不敢直接與之為敵。當西班牙人入侵後，他們在沒有西班牙人說明的情況下，依然無法對抗阿茲特克人。當特諾奇提特蘭陷落後，這些印第安部落同盟很快就瓦解掉了，倘若他們組織起來，一致對抗西班牙人或許可以獲得獨立。但他們相互爭吵，而且脾氣暴躁，假使西班牙人沒有將他們組織起來，其結果必然是無法對抗阿茲特克人。換句話說，他們之所以未能對抗得了阿茲特克人，主要在於內部的爭鬥。

科爾特斯方面，他依然面臨著土著人的問題，他本人差點在古巴被捕，政敵還把他當作暗殺的目標，伊斯帕尼奧拉（Hispaniola）[24]當地政府還宣布他為叛徒。因此，他在踏上美洲土地的時候，至少面臨著各種各樣的美洲部落的進攻。四面受敵的科爾特斯像個入侵者在美洲部落間穿行、生存。他在加勒比地區的上級眼中就是一個罪犯和投機者，但正是這個精明的入侵者「毀滅了墨西哥史上最強大的民族」。

24 西班牙語稱為 Isla deLa Española，也叫西班牙島，加勒比海地區第二大島，位於古巴東南方，波多黎各的西邊。一四九二年十二月五日，哥倫布首次踏足此島，並以西班牙的國名命名，現屬海地共和國。

從一五二一年特諾奇提特蘭陷落到十九世紀墨西哥獨立戰爭，「除了偶爾發生的暴動之外，無人再敢挑戰西班牙人的絕對統治」。

在舊大陸對新大陸殘酷征服的歷程中，完全征服後者並不一定需要與土著盟友的合謀就能做到。阿茲特克被摧毀只是西班牙人吞併墨西哥的先決條件，這一點，土著聯盟未必在當時看得出來。因此，他們對這場戰爭的目標和概念大相徑庭。也就是說，土著盟友的加入在較大程度上幫助了西班牙人，如果沒有他們，西班牙人會花費較長的時間去征服阿茲特克。

柏拉圖在其著作《法律篇》裡認為：「每個國家都會在其資源所限的範圍內，尋求吞併並不屬於它的領土，這是出於國家野心和自身利益的合乎常理的結果。」亞里斯多德在其著作《政治學》中認為：「戰爭的目的總是在於『獲取』，因此當一個國家遠強於另一個國家，並『自然地』尋求以任何可能手段控制較弱對手時，戰爭便會合乎邏輯地發生。」

土著盟友與西班牙人「並肩作戰並不是因為他們喜歡西班牙人」，他們是因為遭受到阿茲特克人的壓迫（許多部落，包括強大的特拉斯卡拉部落，他們要麼處於被壓迫的臣服狀態，要麼處於被圍困之中，他們被迫向阿茲特克人納貢，自身的田地也無法得到保障），以及邪惡的屠殺方式，讓他們迫切需要一種力量來說明他們。

而西班牙人的出現，讓這些被壓迫的部落感到了一種前所未有的力量存在——西班牙人能擊敗強大的阿茲特克人。因此，彼此是純粹的盟友關係，還是各有所需的目的導致，都是值得商榷的。

可怕的天花之類的瘟疫，還有各種疾病的橫行，它們到底奪去了多少阿茲特克人的性命，目前為止沒有確切的數字統計——這是一個比較敏感的話題，人們或許更為關注的不是數字本身，而是歐洲人在這場征服戰爭中有沒有刻意實施疫病戰的問題。在十六世紀的大部分時間裡，墨西哥都受到一連串疫病的威脅，特別是天花和流感奪去了許多人的生命，其病死率高達百分之九十五。不得不說，這絕對是歐洲征服美洲過程中最為慘痛的悲劇之一。據說，到十七世紀時，墨西哥的人口只剩下一兩百萬了。

不過，我們看待問題還需更加細緻化。在高死亡率下，喪命的除了阿茲特克人，還包括他們的敵人（如托托卡人、加爾卡人和特拉斯卡拉人等）在內。根據現代學者估計，「自第一波天花暴發開始，整個墨西哥中部有百分之二十至百分之四十的人口死於這一疾病」。第一波天花暴發持續的時間並不算長，在一本名為《佛羅倫斯抄本》的書裡記載了天花持續的時間為一五二〇年九月初到十一月末，到一五二一年四月八日最後的圍城戰開始，天花疫情就基本消失了。這本書是貝爾納迪諾・德薩阿貢編寫的，也叫《新西班牙諸物志》，他本人是方濟各會的傳教士，在科爾特斯征服阿茲特克八年後（即一五二九年）來到墨西哥，獲取了大量一手資料。因此，他的記載應該是可信的。

為什麼西班牙人沒有在這場瘟疫中死亡甚多，據說是在作戰中有人發現用羊毛和棉花包紮傷口具有不錯的防護作用。並且，從殺死的印第安人的屍體上提取出油脂，就可以成為藥膏或癒合膏，把它們塗抹在傷口上有治療作用。這一發現是驚人又可怕的，有沒有可能是為了治療傳染病而殺死印第安人呢？十六世紀的歐洲人對病毒和細菌沒有一套科學的知識體系，他們的這種發現既有偶然性，也有經驗的積累。在希波拉克、蓋倫等主要的古典醫學家的世界裡，他們已經掌握了一些預防、治療病毒和細菌的方法，譬如適當的隔離、藥膳、睡眠以及將死者深埋的措施都有著一定的效果。可是，印第安人或者說阿茲特克人不會覺得這是屬於醫學範疇的事情，他們反而覺得這是神靈的責罰。當然，天主教會也可能指出這是上帝在懲罰人們的罪惡。讓人異常恐怖的是，他們竟然以披掛人皮、食人和不立即埋葬死者等方式來緩解神靈的憤怒。

隨著天花在美洲的傳播，導致印第安人領導階層大量死亡。在原始的愚昧與無知下，那些土著人會更加相信西班牙人的超人能力，而西班牙人也可以按照他們的意願精心挑選、培植傀儡領導者了，以土著制約土著的策略在很多時候非常奏效。而這一點，當時的阿茲特克人未必明白。

§

許多墨西哥人都相信他們的羽蛇神會回來。但是當入侵者的真實面目得以呈現後，阿茲特克人就逐漸發現西班牙人並非他們的神靈，而是惡魔。但是，在接下來的一系列戰爭中，阿茲特克人的表現讓人困惑：他們為什麼不當場殺死入侵者？本來許多西班牙入侵者，包括科爾特斯在內，有好多次都應該命喪戰場的。可是，阿茲特克人堅持要生擒，許多入侵者就是這樣給逃脫的。一些學者解釋說，是阿茲特克人的猶豫和害怕給入侵者多次翻身的機會，而阿茲特克神話世界觀又對阿茲特克人影響深刻。在阿茲特克人生活中不可或缺的宗教信仰裡，他們堅信只有捕獲敵人，並將敵人獻祭給神靈才能換來安寧。換句話說，這種理念植入到戰爭中，就形成阿茲特克人獨有的戰爭理念。同歐洲戰爭理念相比，雖然兩者都有著殘酷的殺戮，但由於對待敵人的處理方式蒙上了宗教色彩，因此哪怕阿茲特克人讓入侵者品嘗了悲痛之夜的痛楚，卻放過了許多次可以將入侵者絕殺的機會。

在征服者的處心積慮面前，阿茲特克人無法做出很好的應對，他們只是一味地強調如何捕獲並捆綁敵人。依據法蘭西斯科・德戈馬拉的記載，我們可以看出作為征服者的科爾特斯有多麼陰險狡詐。「想想他對迭戈・貝拉斯克斯的忘恩負義，對部族的兩面三刀，以及對蒙特祖馬的背信棄義吧。記住他在喬盧拉毫無意義的屠殺，對阿茲特克君主的謀殺，對黃金和珠寶貪得無厭的欲望吧。不要忘記他殺死第一任妻子卡塔利娜・華雷斯的殘暴行為，以及他在折磨考烏特莫克時做出的低劣的行徑。他毀滅了自己的對手加拉伊，為了保住指揮權，讓自己成了殺死路易士・龐塞和馬科斯・德阿吉拉爾的嫌疑犯。即便用歷史記載所證明的一切其餘罪惡來指控他，但只要讓他以自己是睿智的政治家和勇敢能幹的指揮官的理由來抗辯，他所做的一切，就終會被認為是近代歷史上最為令人吃驚的偉業之一。」[25]

讓人哀傷的是，在西班牙人瘋狂殺戮時，阿茲特克人依然選擇生俘對手然後進行活人祭，放棄了直接砍殺。因此，在歐洲與美洲的文明交鋒中，西班牙人可以憑藉高人一籌的戰爭技術斬殺對手。

在跨文化的衝突中，阿茲特克人中的精英階層人數過少，他們或死於非命，或死

25 參閱法蘭西斯科・洛佩斯・德戈馬拉的《印第安人的歷史概況》。

於民眾的反感。當這一小撮的精英掌握了至上的政治權力，就要為帝國的毀滅承擔重要的罪責。這樣的政治特質一旦坍塌，就像大約西元前一二〇〇年驟然毀滅的邁錫尼宮殿[26]一樣。當時，波斯帝國在大流士三世從高加米拉脫逃後就突然瓦解了[27]。

這還是脫逃，若是被囚禁或是殺戮死亡，突然間的瓦解會更加讓人驚訝。這一點，我們還可以從印加帝國的終結得到印證。也就是說，這樣的政治特質不管在什麼時候，一旦受到外界的刺激就會呈現出極不穩定的政治局面。

一五二一年八月，考烏特莫克逃跑後阿茲特克人的抵抗立刻就停止了。從此，在美洲的世界裡少了許多抵抗。直到十九世紀獨立戰爭開始，這一讓人困惑的局面才得以改變。

不過，這或許就是特諾奇提特蘭陷落成為美洲歷史的重要節點的原因之一。

26 邁錫尼文明是希臘青銅時代晚期的文明，它由伯羅奔尼撒半島的邁錫尼城而得名。這是古希臘青銅器時代的最後一個階段，因史料缺乏，無法獲得更多的描述。

27 這裡指高加米拉戰役造成的結果，大流士三世在高加米拉戰敗以後，仍一心想重建軍隊，期待能再跟亞歷山大決一死戰。然而經過高加米拉戰敗和波斯波利斯淪陷，他的威望遭到沉重打擊，支持他的人越來越少了。相關內容可參閱阿里安的《亞歷山大遠征記》。

§

即便阿茲特克人擁有他們認為先進的航海技術，在西班牙人的雙桅帆船面前也只能「黯然失色」。

拋開西班牙人的火繩槍、火炮等先進武器不論，給人印象最深的莫過於雙桅帆船了。馬丁．洛佩斯預先建好的十三艘雙桅帆船，其船身的長度超過了四十英尺，寬度最寬的可達九英尺。這些像槳帆船戰艦一樣的龐然大物，利用風帆和划槳作為驅動力，加之它們還是採用平底設計，因此吃水較淺，僅兩英尺。這樣的設計顯然是根據特斯科科湖「狹窄且沼澤化」的水域特點專門定制的。

上述龐然大物除了每艘船上可載二十五人外，還可攜帶一定數量的馬匹和一門大炮。西班牙人為了建造適合在特斯科科湖作戰的船，徵集了成千上萬的特拉斯卡拉人運輸木料以及在韋拉克魯斯擱淺船隻上的鐵制工具。洛佩斯還讓西班牙的土著盟友把雙桅帆船拆散，這顯示了他高超的運籌能力，更體現了西班牙人注重海權的運用。

據說，為了完成這項龐大的工程，一共出動了大約五萬人的搬運工和戰士。他們翻山越嶺，不計辛苦地將它們運到特斯科科湖，到乾旱季節才完成運輸任務。隨後，洛佩斯組織這批人專門開鑿了一條十二英尺寬、十二英尺深的運河。這樣一來，重新組裝好的船隻就可以透過這條運河從沼澤地駛向特斯科科湖較深的水域了。此項浩大的工程僅耗費了七週時間，可算是奇蹟。若是阿茲特克人能切斷西班牙人的水上通道，或者襲擊這條補給線，一定會給入侵者沉重打擊，因為雙桅帆船被證明是這場戰爭取勝的決定性因素。

有三分之一的西班牙人成為這些雙桅帆船的操縱者，船上配備的火炮、火繩槍和弓弩等武器大大增強了這支艦隊的實力。而且阿茲特克人無法獲得水面的控制權制約入侵者的行動，事實上，他們因為缺乏相應的戰術及能力，只能眼睜睜地讓這些雙桅帆船自由地航行在特斯科科湖上。這樣一來阿茲特克人的獨木舟幾乎很難發揮作用。西班牙人利用他們的龐然大物將步兵運上岸，以強制封鎖週邊，削弱特諾奇提特蘭的防禦力量。這就是西班牙人海軍與陸軍混合戰術的體現。

根據克林頓·哈威·加德納（Clinton Harvey Gardiner）所著的《征服墨西哥中的海軍力量》（*Naval Power in the Conquest of Mexico*）一書的描述：「也許在所有歷史當中，沒有任何類似的海戰勝利能結束一場戰爭，並終結一個文明的存續。」他的觀點體現在對這場戰爭中海權的重要性解讀上，還結合薩拉米斯海戰進行了對比分析。他認為「特諾奇提特蘭有一個不適用於薩拉米斯的重要特徵：特諾奇提特蘭和最終的勝利、戰爭的終結是同義的，薩拉米斯則並非如此。在薩拉米斯，文明受到了挑戰，在特諾奇提特蘭，文明則被粉碎了」。維克托．漢森則認為：「儘管雙桅帆船是在距離特斯科科湖超過一百英里的地方建造的，但它們在阿茲特克當地水域作戰時將證明，在工程方面這些船隻遠比整個墨西哥文明史上建造的任何艦船都更為巧妙——只有透過兩千年裡都在西方普遍存在的對科學和理性的系統化探究，才能實現這一業績。」

入侵者的勝利得益於十六世紀西方軍事復興。當然，這也得益於前人的研究成果。在希臘，阿基米德曾說：「每種技術都導致它本身走向純應用和純利潤。」「但他的器械——起重機和傳說中聚光加熱的大型反射玻璃——卻把羅馬人攻陷錫拉庫薩的時間延遲了兩年。第一次布匿戰爭中的羅馬海軍，不僅僅是在效仿希臘人和迦太基人的設計，而且發明『烏鴉』這樣的創新性改進，一種將敵軍戰艦拖離水面的起重機——由此確保了他們的勝利。」

因此，對往後而言，我們一定不要忘記索福克勒斯（Sophocles）[28]在《安提戈涅》中所言：「人類啊，真是機智的傢伙……他狡黠，又熱愛創新，他旺盛的創造力，

28 約西元前四九六—前四〇六年，雅典三大悲劇作家之一，主要作品有《安提戈涅》、《俄底浦斯王》、《特拉基斯婦女》等，相關中文版作品可見《古希臘悲劇喜劇集》。

超過一切想像的邊際。」

畢竟，對理性之神而言，萬物皆可解釋。然而，無法解釋的是西班牙人在毀滅湖中之城——特諾奇提特蘭後，卻無法應對特斯科科湖的洪水，這些洶湧的洪水彷彿在訴說阿茲特克人的憂傷。等到西班牙人把湖水抽乾，大批移民者湧入特諾奇提特蘭，城市的繁華終於掩藏了往日的蒼涼。

Chapter III

圍攻馬爾他

堅不可摧的堡壘

（西元 1565 年）

馬爾他船夫們划著小舟搭起了木質浮橋，每隔一定距離就把浮橋與鐵索綁牢，如此一來就構建起一道堅不可摧的屏障，以防任何突襲者闖入。浮橋還能使鐵索浮在水面上，避免鐵索中段鬆弛或下沉。

——布拉德福德《大圍攻：馬爾他 1565》

01
與馬爾他相關

一五六四年十月，鄂圖曼帝國的蘇萊曼一世（Suleiman the Magnificent）[1]主持了一次國務會議。在這次會議上，馬爾他的問題被提了出來，是否要圍攻這個島成為重要的爭論點。雖然爭議激烈，但是蘇萊曼一世本人眼光獨到、意志堅定，他明白馬爾他是通向西西里乃至義大利和南歐的跳板。因此，在國務會議結束後，一場關於圍攻馬爾他的法令已經頒布下去。艦隊司令皮雅利（Piali Pasha）[2]和陸軍帕夏穆斯塔法（Mustafa）[3]完全領悟了蘇丹圍攻馬爾他的戰略意圖。

1　一五二〇—一五六六年在位，是鄂圖曼帝國在位時間最長的蘇丹，被西方譽為「蘇萊曼大帝」。

2　一五一五—一五七八年，鄂圖曼帝國海軍上將，他參與了帝國征服途中的許多重要戰役。

3　帕夏相當於總督、司令等官職，擁有很大的權利。鄂圖曼帝國時期有多位穆斯塔法，由於史料缺乏，在圍攻馬爾他時期的穆斯塔到底是哪位，無法給出確切資訊。這裡根據推斷應該是追隨蘇萊曼一世的老將，後文有述及。

所有關於這場戰爭的籌備將在來年春季完成。

馬爾他群島比較特別，它主要由戈佐島（Gozo，位於馬爾他島西北，是馬爾他的第二大島）和馬爾他兩個重要的小島組成。相比之下，後者比前者要大得多——後者長二十九千公尺，寬一四·五千公尺，而前者長不足十四千公尺，寬約七千公尺。這兩個島地理位置十分特殊，它們在一條西北——東南走向的軸線上，中間被一道狹窄的海峽分開。馬爾他群島扼守著東西方海上運輸的必經之路，因為它位於西西里島以南八十公里的地方。有意思的是：從直布羅陀到馬爾他群島的距離，與馬爾他群島到賽普勒斯的距離竟然是大致相等的。

馬爾他群島在一五三〇年的時候，曾被神聖羅馬帝國皇帝查理五世（Charles V）[4]贈予著名的聖約翰騎士團（醫院騎士團）。贈予的目的在於，「以便他們能夠安寧地執行其宗教義務，保護基督教社區的利益，憑藉其力量與武器打擊神聖信仰的敵人」。這是表面上的，實際上查理五世不是如此慷慨之人，聖約翰騎士團在八

4 一五〇〇—一五五八年，在歐洲人心目中，他是「哈布斯堡王朝爭霸時代」的主角，也是西班牙日不落帝國時代的揭幕人。在對美洲的征服中，他起到了重要作用。據說，他曾豪言「在我的領土上，太陽永不落下」。

年前被鄂圖曼帝國蘇萊曼一世的二十萬大軍驅逐出羅德島，一直處於居無定所的狀態，查理五世的「援助之手」是有條件的：首先，騎士團每年必須得向西西里總督進貢一隻鷹；其次，得保證不與西班牙開戰；特別是最後一條，看起來是一種類似口頭的約定，查理五世將這支作戰英勇無比的騎士團放在柏柏里海岸線上，目的就是用這支騎士團防禦野心十足的伊斯蘭國家。查理五世除了贈予馬爾他群島處，還贈予了位於北非的的黎波里（Tripoli）[5]港口，它是基督徒的前哨站，周圍環伺著充滿敵意的伊斯蘭國家，這既是查理五世的慷慨，又是查理五世的聰明之處。

當時，年邁的聖約翰騎士團團長菲力浦．維利耶．德利勒－亞當（Philippe Villiers de L'Isle-Adam，一四六四－一五三四年，第四十四任大團長）心存憂慮，他擔心再次出現「特洛伊木馬屠城」的悲劇[6]，因此對來自查理五世的詔令表現得猶豫不決。當他看到派往馬爾他群島調查情況的委員會發回的報告內容後，這份猶豫就更深了。

5　西元前七世紀由腓尼基人建立，是奧薩、布雷撒和萊普蒂斯的統稱，一五五一年被鄂圖曼帝國占領，此前屬於西班牙。現為利比亞首都。

6　詩人維吉爾在《埃涅阿斯紀》中曾有一句名言「Timeo Danaos et dona ferentes」，即「當心希臘人的禮物」，其意指「特洛伊木馬屠城」的悲劇。

英國歷史學家厄恩利．布拉德福德（Ernle Bradford，在地中海和海軍歷史方面頗有研究）在其著作《大圍攻：馬爾他 1565》中較為完整地記錄了這份報告：「馬爾他島，布滿柔軟的砂岩，總長六至七里格（用於航海計程的一種單位，一里格大約相當於五千五百五十七公尺），寬三至四里格。島上僅覆蓋著一層三至四英尺厚的土壤，亂石密布，不適合種植穀物及其他糧食作物……島上出產大量的無花果、甜瓜以及其他不同種類的水果，當地居民用來換取糧食的主要交易物包括蜂蜜、棉花和枯茗（孜然）。不過，除了中部幾口泉眼之外，全島再無活水甚至水井，島民不得不自建蓄水池用於彌補水源不足……」。

我們能夠理解這位年邁的騎士團團長的心情，因為馬爾他群島與羅德島相比，簡直差得太遠了。羅德島是地中海上最宜居的島嶼之一，那裡土地肥沃又富饒多產。在厄恩利．布拉德福德的筆下，好在馬爾他群島的「東部有許多小海灣和入口可供利用，還有兩座深水良港，足以容納世上最大的艦隊。不幸的是，其防護措施極為不足：一座名為聖安傑洛的小城堡拱衛著最大的港灣，但僅裝備了三門小型火炮以及幾門臼炮（一種短身管炮，主要用於破壞堅固工事，是迫擊炮的前身）」。

如果不是因為馬爾他島上有兩座良港，聖約翰騎士團應該不會選擇它。不過，他們應該早就知道良港的存在，歐洲海上戰事以及聖約翰騎士團賴以生存的技能之

——「組織化的海盜行為」決定了其擁有一座良港的重要性。況且，這兩座良港的重要程度，除了西西里島上的錫拉庫薩和義大利南部的塔蘭多外，幾乎沒有其他港口能比得上了。

有沒有其他原因讓聖約翰騎士團決定選擇馬爾他群島呢？在艾爾弗雷德．馬漢的著名理論裡，國民意識的重要性同樣不可忽視。馬爾他群島上大約有一萬兩千名居民，他們大多是貧困的農民，說著一種阿拉伯語的方言。在戈佐島上大約有五千名居民，他們大多數是原住居民，住在原始的村落裡。這裡時常遭受穆斯林海盜的襲擾，也就是說，他們對海盜一事已經司空見慣，在他們的意識裡早就明白海權的重要性。因此，一旦有更強的海上力量入駐，他們不會有排斥心理，能與之很好地相處，而聖約翰騎士團符合他們的認識。

就算聖約翰騎士團沒有考慮上述兩方面的因素，他們也只能選擇馬爾他群島了。在長達七年多的時間裡，他們都為沒有安身之所而苦惱，歐洲的許多國家雖然對這支驍勇的軍事力量抱以某種認可的態度，但是一旦涉及富饒之地，都不考慮支持。這些富饒之地包括梅諾卡島（Minorca，地中海西部巴厘阿里群島的第二大島）、伊斯基亞島（Ischia，位於那不勒斯灣西北部的第勒尼安海）、伊維薩島（Ibiza，地中海西部巴厘阿里群島的一座小島）。歐洲國家擔心的是騎士團的成員複雜，他們大都從歐洲各國招募而來，直接對教皇宣誓效忠，無須對本國保持忠誠。誠然，他們要「遵守不得與基督徒自相殘殺的規定，只能與穆斯林敵人作戰」。然而，隨著十六世紀民族主義成為歐洲事務的主導趨勢，像騎士團這樣的跨國基督教教團組織的受信任度已經受到削減，騎士團越強大，受到的猜忌就越嚴重。多年的居無定所會讓騎士團逐漸分崩離析，年邁的老團長別無選擇，他內心十分清楚，只能讓騎士團入駐馬爾他群島了，至於的黎波里就當是額外的福利吧！

一五三〇年秋，聖約翰騎士團從西西里啟程，穿過馬爾他海峽後上島定居下來。馬爾他的農民對這支新入駐的群體可能不是太在乎，因為他們的生活已經不堪重負了。他們也沒有對野蠻的穆斯林海盜能被這支新入駐的群體擊敗抱有多大的希望，倒是島上的貴族們（主要包括馬杜卡斯、伊瓜納斯、希貝拉斯等家族）對騎士團的到來欣然接受。

一名馬爾他的歷史學家對聖約翰騎士團進駐馬爾他群島的情形做了記述。不過，這位歷史學家的記述帶有明顯的個人偏見，這也不能怪他，英國歷史學家愛德華．吉本（Edward Gibbon，主要作品有《羅馬帝國的衰亡史》）曾說過：「騎士身為上帝之僕，恥於偷生而樂於效死。」[7]

時代會賦予個人或群體相應的責任和義務，但十六世紀中葉，騎士團的價值已經與社會格格不入了。在關於馬爾他的這場戰爭中，儘管騎士們登上了榮耀的巔峰，這依舊是一種迴光返照的跡象罷了。因此，我們對這位不知名的馬爾他歷史學家的記述不必大驚小怪。布拉德福德在其著作中寫道：「當騎士們來到馬爾他島的時候，他們所固有的宗教內核已經衰敗沒落了。他們的禁欲誓言經常被認為只是形式上的，而且他們之所以引人注目只是由於他們舉止傲慢且物欲薰心。另外，馬爾他人早已習慣被當作自由民對待，故而對於自身的政治自由被讓給騎士團這一點憤恨不已……所以，說馬爾他人與他們的新統治者之間毫無情誼也並不奇怪。」

無論哪種說法，都改變不了騎士團入駐馬爾他群島的事實。當地居民還驚奇地發現，騎士團對這個群島似乎不感興趣，他們的主要營生在海上，更願意駐紮在一個叫比爾古（Birgu，位於馬爾他大港東南岸，今維托里奧薩）的小漁村裡。原來，這個小漁村位於如今大港灣的入口處。他們在這裡修復和擴建防禦工事；在狹窄的街道裡興建議事、社交中心——一般被稱為「會館（Auberge）」或者「客棧」；在島

7　依據厄恩利．布拉德福德在《大圍攻：馬爾他 1556》中的引文。

上修建、布置和完善醫院——醫院騎士團的作用和功績想來不會被忽視[8]……，這一套完整的營生體系主要取決於騎士團在羅德島長達兩個多世紀的島嶼生存經驗。因此，在馬爾他群島所進行的一切，可以看作是對羅德島營生模式的複製。

一二九一年，巴勒斯坦的最後一座基督教堡壘陷落後，聖約翰騎士團被迫遷往賽普勒斯，一三一〇年遷至羅德島。在兩個多世紀後，即一五二二年，鄂圖曼帝國的蘇萊曼一世發起大圍攻，將他們趕出了羅德島。因此，能否在馬爾他群島站住腳跟，騎士團將面臨巨大的挑戰。應該說，騎士團的成員都是地中海最好的水手，他們就像「一支刺向土耳其海岸的矛」。當他們置身於海上時，就是一支勇猛無比的信仰基督的海上利劍。

值得說明的是，一五三〇年騎士團團長德利勒—亞當率部遷往馬爾他群島後，下一任團長讓．帕里佐．德拉瓦萊特（Jean Parisot de la Valette）[9]將聖約翰騎士團帶

8　本篤會醫院於十一世紀在耶路撒冷建立，一一一三年，為了感謝這所醫院為十字軍做出的貢獻，教皇帕斯加爾二世將其納入教廷的保護下。也就是說，醫院騎士團是一個救死扶傷的組織，聖約翰騎士團是一個純軍事組織，主要致力於同穆斯林作戰。

9　一四九四—一五六八年，聖約翰騎士團團長，死於中風，葬於聖約翰大教堂的地下室。

向了榮耀的巔峰。為了對付這個強勁的敵人，蘇萊曼一世決定傾其所能組建一支最厲害的陸軍和一支最龐大的艦隊，共同消滅騎士團。

德拉瓦萊特堅韌不拔、心無旁鶩，一心致力於騎士團的經營，他二十歲就加入了聖約翰騎士團，是第一代圖盧茲伯爵[10]的後裔，其先祖追隨過法國路易九世，因在第七次和第八次十字軍東征中表現英勇頗具威望。德拉瓦萊特曾被俘，淪為鄂圖曼帝國的槳帆船划槳奴，一五五一年又在與海盜阿巴德—烏爾—拉赫曼·庫斯特—阿里（Abd-ur-Rahman Kust-Aly）的作戰中身負重傷，再次被俘，這些悲慘經歷讓他練就了更加堅忍的毅力。在那個年代裡，能夠在地中海上冒險並存活下來的就是王者。根據一位叫巴拉斯·德拉佩內（Barras de la Penne）的法國海軍軍官的描述，划槳奴的生活是充滿了艱辛的。

布拉德福德在《大圍攻：馬爾他 1565》中寫道：「沒有足夠的空間將身體舒展開來睡覺，因為每一排槳座上安置了七個人。這意味著，他們作息在十英尺長、四英尺寬的空間內。在船頭，大約三十個水手被安頓在船艏平臺下的底層空間中，那

10 法國中世紀貴族封銜，可追溯到墨洛溫王朝時期，這個家族的成員在十字軍中頗有影響力。

是一個十英尺長、八英尺寬的長方形區域。船艉的船長和軍官的生活條件也好不到哪去。木塊與繩索的嘎吱聲，水手們的喧嘩聲，划槳奴隸們的可怕詛咒聲，木材的呻吟聲混雜著鎖鏈的叮噹聲。風平浪靜之時，槳帆船也自有其不便之處，比如船體裡的惡臭是如此強烈，以致於人們不得不從早到晚都用煙葉塞住自己的鼻孔，就算如此，這種惡臭也無法逃避。」

至於遭受到的非人折磨自然是家常便飯了，根據一個叫讓・馬泰勒・德貝熱拉克（Jean Marteille de Bergerac）的法國人的描述：「每六個人被鎖在一條長凳上，這些長凳四英尺寬，周圍是塞滿了羊毛的麻袋，上方覆蓋著一直垂至甲板的羊皮。管理划槳奴隸的軍官與船長待在船艉以便接收命令。此外還有兩名下級官員，一個在船中部，另一個在船艏。兩人都配有皮鞭用來鞭笞赤身裸體的奴隸們。當船長發出划船的命令後，軍官就用掛在脖子上的銀哨吹響信號，下級官員們再重複他的信號，很快五十支槳便整齊劃一地擊打著水面。可以想像這樣一幅畫面：六個人被鎖在一條長凳上，一絲不掛猶如剛出生一樣，一隻腳搭在腳蹬板上，另外一隻腳抬起並頂在前方的長凳上，支撐著他們手中沉重的船槳，他們向後伸長軀體，同時伸出手臂推動船槳並避免碰到前排奴隸的後背……有時奴隸們要連續不斷地划上十、十二甚至二十個小時而沒有一絲一毫的歇息。在這種情況下，軍官會來回走動並把浸過酒的麵包片塞到這些不幸的槳手的嘴裡，以防他們昏厥過去。然後船長會要求軍官們加倍吹哨。如果奴隸當中有人筋疲力盡划不動了，那麼他就會一直受鞭笞直至他看起來已經死了，然後被隨意地拋入大海。」[11]

讓·馬泰勒·德貝熱拉克在一四五一年後的半個世紀，在加萊船（Galley）——大型槳帆戰艦上同樣遭受到大團長所遭受的「待遇」，因此他的記載非常生動形象。當時在地中海慣用的加萊船因航行速度較快、配備火力較易等特點而被廣泛使用，許多因掠奪或被俘的人員也會在加萊船上服刑，遭受到非人的虐待。其他相關論述也可參閱科林·伍達德（Colin Woodard）的《海盜共和國》一書，裡面有詳細的關於虐待「被俘」人員的描述。有關加萊船的詳細論述可參閱艾德蒙·朱里安·德拉·格拉維埃（Edmond Jurien De La Graviere），所著的《馬爾他騎士團和腓力二世的海軍》（*Les Chevaliers de Malte et la Marine de Philippe II*）。馬爾他能被騎士團守住，其擁有的加萊船功不可沒。

11 相關史料可參閱奧貝爾·德韋爾托（Aubert de Vertot）所著的《耶路撒冷聖約翰醫院騎士團、羅德島騎士團以及今天的馬爾他騎士團的歷史》（*Histoire Des Chevaliers Hospitaliers de S. Jean de J Erusalem, Appell Es Depuis Chevaliers de Rhodes, Et Aujourd'hui Chevaliers de Malthe*）

一五五二年，德拉瓦萊特透過騎士團與柏柏里海盜的俘虜交換得以自由。十六世紀的生存環境對任何人來說都是殘酷的，體弱多病、不夠頑強者都極有可能活不過童年。德拉瓦萊特經歷了常人難以忍受的苦難，一五六四年蘇萊曼一世決定圍攻馬爾他的時候，他已經七十歲了，和蘇丹同歲。兩位都可以稱之為王者的厲害人物即將在馬爾他展開對決。

§

德拉瓦萊特一直相信有朝一日馬爾他必然會遭受到圍攻，因此儘早在馬爾他島進行防禦布置顯得非常重要。

從騎士團進駐馬爾他的那一刻開始，老團長德利勒－亞當就開始擴建一座名叫聖安傑洛堡（Fort St Angelo，當時的要塞指揮官是約翰．托西爾，他曾獲十字勳章）的要塞，這座要塞因特殊的地理位置可以俯瞰大港灣的南部，並對漁村比爾古實行戰略保護。騎士團把馬爾他群島的舊首府姆迪納（Mdina，位於馬爾他島中部的一座山頂上，東面和北面都是峭壁，姆迪納在阿拉伯語中意為「城堡」）的城牆進行了加固。

在大港灣主入口的北面沒有防禦點，這個缺陷直到一五五二年才被發現。經過勘測，騎士團決定在希貝拉斯（Sciberras）山的海岬盡頭——相當於今天的馬爾他首都瓦萊塔（Valletta）的位置——修築堡壘。因為這一位置遍布岩石，具有天然的防禦作用，如果在這裡修築一座堡壘，並在森格萊阿（Senglea，希貝拉斯山東南方，隔著大港灣相望）海岬的末端修築另一座城堡，就能與聖安傑洛堡形成交叉火力防禦網。也就是說，可以封鎖住騎士團艦隊的停泊處船塢海汊（伸入鄰近大塊陸地的窄而長的海灣）。因為後者同樣可以具備俯瞰的作用，能對大港灣的南部形成戰略保護。負責設計這座要塞的是西班牙工程師佩德羅·帕爾多（Pedro Pardo），並為其取名為聖米迦勒堡（Fort St Michael）。聖米迦勒堡在日後的戰鬥中發揮了重要作用，經受住了土耳其人十次攻擊，足見其堅固程度，也反映出設計師帕爾多的高超建築技藝。後因修建一所學校，城堡在一九二一年被拆除，僅保留了該結構下部的一小部分，並將其用作鐘樓的底部。

騎士團在希貝拉斯山盡頭的堡壘設置了一座瞭望塔和燈塔——希貝拉斯的意思是海角上的光。大港灣早在迦太基時代就已經被使用了，他們在這裡同樣設置了燈塔，這兩座建築物可以起到提前預警的作用。在瞭望塔的附近還有一座名叫聖艾爾摩（St Elmo）的堡壘，它修築於一五五二年，不僅可以俯瞰大港灣的入口，還可以控制希貝拉斯山北部的一個重要的港灣——馬薩姆塞特（Marsamxett）[12]的入口。聖艾爾摩堡呈四角形，用沙子和石灰岩建成的高牆圍繞著它，因建築在堅固的岩石上，「攻擊者不可能透過挖掘地基的形式破壞它」。除非建築這個堡壘的原材料品質不過關，否則可用固若金湯來形容。

然而，當初修築它的時候，因時間倉促，採用的石料不是上等材質。城牆內也沒有建造甬道和胸牆，倘若敵軍採用炮擊，堡內的將士將無處可藏。幸好在堡壘四周挖掘了很深的壕溝，在面向希貝拉斯山的一側修建了三角堡，這兩者可以「為守軍提供一個可以阻止敵軍前進的堅固據點」。在海上朝北一側設有二線防禦工事——騎士塔，主要用於火炮或槍支對周邊區域的火力掃射。這座堡壘隱藏的弱點是在入侵者圖德拉古特（Turgut Reis）[13]透過馬薩姆塞特灣登陸時顯現出來的——在遭遇強大火力壓制後，圖爾古特向北邊的戈佐島進軍，摧毀了戈佐島後，島上大部分居

12 馬爾他島的天然港口，一五五一年，鄂圖曼土耳其曾試圖在這裡發動攻擊，因騎士團防禦嚴密而未果，騎士團也因此發現了這裡存在問題，修建了聖艾爾摩堡壘防禦馬薩姆塞特和大港灣。

13 基督徒稱他為Dragut，著名的希臘裔穆斯林出身的海盜，奉蘇丹之命為鄂圖曼帝國在地中海開疆拓土，人稱「有史以來最偉大的海盜戰士」，後被蘇丹任命為阿爾及利亞和的黎波里帕夏。

民不幸被掠為奴隸。其根本原因在於聖艾爾摩堡未能與騎士塔連成一線。另外，如果入侵者在希貝拉斯山的山坡上用炮群轟擊聖艾爾摩堡，就能以居高臨下的姿態壓制堡壘的火力，因為它建築在海岬的尖端處，站在希貝拉斯山的山坡段向下看，就能獲得俯視的視角。為了解決這些問題，騎士團從西西島上的帕薩羅角運來泥土和木材，在面向馬薩姆塞特一側的地方修建了三角堡，這樣就可以把騎士堡、三角堡同聖艾爾摩堡相連。從上空往下看，「聖艾爾摩堡本身由一道狹窄的壕溝與比爾古分割開來」，考慮到此處能夠扼制大港灣的入口，騎士團在這裡設置了兩層火炮平臺。

當一系列的防禦體系完成後，比爾古就十分安全了。它被一條連綿不斷的防線圍起來，總長約三公里。令人佩服的是，即便這樣的防禦體系已經非常堅固，騎士團還是不放心，他們在面向陸地的地方增設了高高的護城牆，並在護城牆周圍修築了兩座棱堡，還在護城牆的兩端修築了半棱堡。最後，他們在堅硬的岩石上開闢了一條大壕溝，以便形成與入侵者之間的緩衝地帶。

在聖艾爾摩堡裡，騎士團修建了一個大穀倉，在比爾古，騎士團還修建了兵工廠，用於為未來殘酷的戰爭提供重要的食物和武器彈藥支援。如果說上述防禦體系體現的是硬性方面的，那拓寬比爾古狹窄的街道，修建教堂和醫院，增設多種娛樂場所就是騎士團從人性化的角度給予島上民眾的最大關懷。

打造防禦體系需要花費大量金錢，偏偏騎士團財政吃緊。這些費用需要從騎士團的金庫裡撥出，然而長年累月的流亡生活以及羅德島的失敗（騎士團欲收復羅德島，最終無望）已經對騎士團的士氣造成了較為嚴重的影響。加之一五五一年的黎波里的陷落，作為對的黎波里總督德瓦利耶的懲罰，他回到馬爾他後就被囚禁。可以說，騎士團遭遇了一連串的打擊。德拉瓦萊特知道的黎波里的陷落並非德瓦利耶的錯，他已經盡力在修繕防禦體系，並做了最大的努力抵禦入侵者，於是德拉瓦萊特力排眾議將其釋放。一五五三年，德瓦利耶被任命為拉爾戈地區的行政長官。這一決定為凝聚騎士團的人心起到了很好的作用。對於那些違法亂紀、私下決鬥、另覓新居和喝酒賭博者，德拉瓦萊特採取零容忍態度。一五五一－一五六五年，騎士團經歷了十四年的曲折期，德拉瓦萊特勵精圖治，終於讓騎士團呈現出強盛的局面。根據歷史學家布瓦熱蘭（Boisgelin）的描述：「在德拉瓦萊特的管理下，騎士團恢復了其最初的威信，之前在德意志的部分省份和威尼斯共和國騎士團的威信都受到了很大損害。他收回本應收歸騎士團金庫的收入的努力也同樣獲得了成功，這些收入已經很長時間沒有上繳了。」[14]

一五六四年深秋，德拉瓦萊特透過他在伊斯坦堡安插的間諜獲知鄂圖曼帝國針對馬爾他的圍攻即將開始。這些間諜以商人的身分出現，他們將情報藏在貨物清單和檔中。具體來說，採用檸檬汁做成隱形墨水，將情報資訊以某種密碼的形式隱藏在正常的貨物清單和檔裡。蘇丹從十月的國務會議開始到為大圍攻做籌備等資訊，大都被祕密傳回了馬爾他。德拉瓦萊特立即派遣船隻向北航行，目的是要通知西西里總督唐加西亞·德托萊多（Don García de Toledo），讓他做好相應準備。鄂圖曼帝國欲圍攻馬爾他的消息也很快傳到了整個歐洲，分散在其他地區的聖約翰騎士團的成員也收到了召回令：「春季之前到騎士團本部報到，蘇丹意欲圍攻馬爾他。」

許多事情都是相互的，蘇丹也在騎士團的內部安插了間諜。根據布拉德福德在《大圍攻：馬爾他 1565》中的描述，有「兩個叛教的工程師，一個是斯拉夫人，另外一個是希臘人」，他們偽裝成漁民探訪了馬爾他。「他們觀察了每一門火炮，並且測量了每一座炮臺，之後安全地回到了金角灣，並向蘇丹保證馬爾他幾天之內就

14 依據厄恩利·布拉德福德在《大圍攻：馬爾他 1565》中的引述內容。

能拿下……」。

蘇丹聽後更加確信了圍攻馬爾他是正確的抉擇。當然，即便沒有間諜的報告，這場戰爭同樣不可避免。一五六〇年五月九日傑爾巴（Djerba）島之戰爆發後，鄂圖曼帝國在這場戰爭中的卓越表現，使得這個帝國在地中海的勢力達到頂峰。關於這場戰爭的背景可以追溯到腓力二世（Felipe II）繼承西班牙王位時的海外局勢，西班牙在對法戰爭中耗費了太多的精力，而西班牙海岸也並不太平，西班牙艦隊已經不能順暢地往返於西印度群島之間了。為了打破這一被動局面，西班牙人決定奪回具有戰略意義的的黎波里港。這座海港處於地中海的軸線區域，如果控制了它就等於獲得了地中海軸線的控制權。然而，這場具有重要戰略意義的戰爭進行得並不順利，由西班牙人、熱那亞人、馬爾他人和那不勒斯人組成的聯合艦隊充滿了矛盾，他們的矛盾就等同於各自代表的國家上層階級之間的意見分歧，譬如指揮官的人選問題。原本打算任命身經百戰、經驗豐富的熱那亞海軍上將安德烈亞·多里亞（Andrea Doria），但他年事已高，無法參戰了。一番權衡後，指揮官由安德莉亞·多里亞的侄孫喬瓦尼·安德烈亞·多里亞（Giovanni Andrea Doria）接任。然而，這是一個年僅二十一歲的經驗不足的年輕人，選擇他無疑具有很大的風險。

戰鬥的結果幾乎沒有懸念，海盜們向伊斯坦堡的蘇丹求援，隨後蘇丹任命皮雅利帕夏統領八十六艘槳帆船以最快的速度集結出發，僅二十天內就抵達傑爾巴島。年輕的聯合艦隊指揮官喬瓦尼·多里亞被鄂圖曼帝國艦隊龐大的規模震懾了，還沒來得及排好戰鬥陣型，皮雅利帕夏就以絕對的優勢衝殺了過來。由於援軍遲遲不到——腓力二世優柔寡斷的性格讓他時常舉棋不定——很快傑爾巴要塞彈盡糧絕，失敗無可挽回。殘忍的土耳其人幾乎將要塞守軍全部處決，大約有五千人被斬殺。土耳其人將他們的頭顱搭成金字塔的形狀（京觀），傑爾巴成為恐怖的骷髏要塞。

戰鬥失敗後，西西里總督沉痛地給腓力二世寫了一封信。布拉德福德對這位總督頗為讚賞，並在著作中描述了這封信的內容。總督在信上一針見血地寫道：「我們必須吸取教訓，勵精圖治。如果能讓陛下成為大海的主宰，哪怕將臣等全部變賣——將我本人第一個賣掉——臣等也在所不惜。只有控制了大海，陛下才能安享太平，陛下的子民才能得到保護。如果不能控制大海，等待我們的將會是西方的猛烈抨擊。」

聯合艦隊在傑爾巴島的慘敗也震驚了整個歐洲，尤其是基督教國家，他們驚恐萬分，更加強烈地意識到地中海中部制海權的關鍵意義。特別是腓力二世，此後他勵精圖治，積極對外拓展，抓住土耳其人沒有充分利用傑爾巴島的大勝擴大戰果的時機，大力發展海上力量。此時鄂圖曼帝國內部矛盾重重：官員腐敗；通貨膨脹明顯；

重臣穆斯塔法、巴耶齊德（Bayezid）王子等人顯得不那麼安分了；蘇丹的兒子謝里姆（Selim）嗜酒成性，被人稱作酒鬼……種種危機都讓蘇丹覺得此時的帝國需要對外戰爭轉移矛盾。

鄂圖曼帝國、西班牙以及地中海沿岸的其他基督教國家都將目光鎖定在地中海，這片海域變得緊張異常。與此同時，以馬爾他群島為基地的聖約翰騎士團不斷地出兵截殺鄂圖曼帝國的貴族船隻和商船隊，給土耳其人帶來很大損失。特別是在一五六四年六月，騎士團的劫掠隊長馬蒂蘭・羅梅加（Mathurin Romegas）不但劫掠了鄂圖曼宮廷首席太監基茲爾的大帆船，還在靠近鄂圖曼帝國本土的安納托利亞沿海地區把鄂圖曼公主的座船捕獲了，這對土耳其人來說簡直就是奇恥大辱。蘇丹憤怒地說道：「這群芻狗之子於四十年前在羅德島就已經被我征服，僅憑我的仁慈才免於一死。現在我宣布，由於他們不斷的襲擾和無禮，他們終將被粉碎和摧毀。」

一五六四年九月，蘇丹正琢磨著報復計畫，西班牙人卻搶先行動，由海軍司令德托萊多率領的一支艦隊從西班牙南部出發，渡過直布羅陀海峽，占領了非洲海岸上的一個海盜基地貝萊斯島嶼要塞。西班牙人對這次勝利大肆鼓吹，讓蘇丹更加憤怒，兩國在地中海問題上不約而同，一定要分一個高低。不過，這都是表象，問題的本質正如海軍司令德托萊多的分析，西班牙在地中海的基地受到了威脅，最嚴重的就是馬爾他。如果失去馬爾他，西班牙就不能增援南歐海岸，更進一步來講，馬爾他陷落將讓基督教世界受到嚴重損害，土耳其人將以馬爾他為跳板，向歐洲腹地——西西里島和義大利海岸——發起更深遠的攻擊，乃至西班牙海岸都將在鄂圖曼帝國的攻勢前不堪一擊——昔日君士坦丁堡的陷落已經為歐洲敲響了警鐘。但如果守住了馬爾他，就最終能將土耳其人逐出地中海西部。

對鄂圖曼帝國而言，馬爾他一樣具有重要的戰略價值，蘇丹的一位謀臣曾這樣諫言道：「只要馬爾他仍在騎士團的手中，伊斯坦堡至的黎波里的每一艘運糧船都有被劫走或者被摧毀的危險。」另一位謀臣也說：「這一塊被詛咒的岩石，像一道橫亙在我們與您的眾多領土之間的屏障。如果您仍未決定將其趁早拿下，須臾之間它就會切斷亞非之間以及愛琴海諸島間的所有交通線。」的確如此，馬爾他雖然距離伊斯坦堡路程遙遠，但這個群島位於地中海的中心，東西方貿易路線盡在其掌握中。所有穿越「西西里、馬爾他和北非之間海峽的船隻都要仰馬爾他艦隊的鼻息」。就連伏爾泰也說過：「沒有什麼比馬爾他之圍更有名了。」[15]

15 參閱厄恩利·布拉德福德的《大圍攻：馬爾他 1565》中的相關描述。

因此，這場大圍攻註定將西方基督教聯盟和鄂圖曼帝國之間的地中海霸權之爭推向高潮點。馬爾他的聖約翰騎士團必須取得這場保衛戰的勝利，基督教聯盟國家也將伸出援助之手。而土耳其人想要在君士坦丁堡之戰後獲得更多的榮耀和利益，也必將全力以赴。

一場大戰即將拉開帷幕！

§

馬爾他的石料資源非常豐富，氣候和環境卻不適合人居住，特別是到了夏天，島上酷熱難耐。不過，睿智的騎士團團長德拉瓦萊特忽然意識到這或許是一件好事：貧瘠荒涼、氣候酷熱就意味著入侵者不得不攜帶自身所需的全部給養。他們就算上了島，也無法輕鬆就地籌集補給。一月到二月，地中海中西部刮起了格雷大風（一種強烈的東北風，一般肆虐於地中海中西部），巨浪猛烈衝擊著海岸的岩石，這個時節是不利於航海的，但騎士團還是在準備出航的槳帆船。他們的想法是，只要天氣出現了好轉，哪怕是暫時的，也要利用這個機會駛向北方的西西里島。西西里盛產穀物，在那裡將會得到大量糧食和其他支援物資，還有經由歐洲從陸路前來報到的騎士團成員。在一五六五年的最初幾個月裡，馬爾他島上的備戰活動顯得熱火朝天，騎士團命令土耳其奴隸將切割出來的石塊搬運到指定位置，用於壘牆的拓寬加固，比爾古和森格萊阿面向陸地一側的壕溝也被加深了，保護這兩個海岬的護城牆也在繼續加固中。就像君士坦丁堡的護城牆一樣，對防禦土耳其人的巨炮轟擊很有意義。

布拉德福德在《大圍攻：馬爾他1565》中寫道：「位於森格萊阿末端的聖米迦勒堡壘配備了更大的火炮，這些火炮的射程足以覆蓋到柯拉迪諾（Corradion）地區的高地，以及希貝拉斯山山腳的開闊平地。」

自從君士坦丁堡之戰土耳其人使用巨炮轟城後，這種重型武器越來越受到各國重視。另外，所有的房屋，包括民房都被加固，德拉瓦萊特團長的這一想法很有用意，他希望軍民同心，不希望看到居民的房屋被炮彈炸為廢墟，這樣會造成士氣崩潰。

即便做了大量準備工作，騎士團仍向基督教國家求援。德拉瓦萊特心裡十分清楚，不會有太多的實質性援助到來，如果有就是上帝保佑。早在一五三六年，法蘭西的弗朗索瓦一世（François I）[16]就與蘇丹簽訂正式協定並結盟，這意味著法蘭西

16 十六世紀上半葉的法國國王，一五一五—一五四七年在位，在他的統治下，法國君主專制制度得到全面發展，逐漸讓法國變得強大起來。

不會向騎士團提供任何幫助。當然，法蘭西也不會協助蘇丹攻擊馬爾他。英格蘭正處在新教女王伊莉莎白一世的統治下，她擔心西班牙的帝國主義政策會影響到英格蘭，因此就更不可能支援馬爾他了。能給予最大支援的只有西班牙，但這取決於腓力二世的對外政策和態度，從某種層面來講，馬爾他不過是西班牙的附庸罷了。

雖然德拉瓦萊特心裡明白要想得到外界的支援有多麼困難，但他從不放棄，而教皇也不願坐視不理，他不可能眼睜睜看著自己管轄下的騎士團被土耳其人擊潰。因此，他也會向基督教國家，向西班牙國王提出中肯的建議。庇護四世本人還向騎士團提供了一萬克朗的援助，這筆錢可以用來購買武器彈藥等物資，但騎士團更需要將其用於能守城作戰的士兵身上。經過多方努力，到了四月，騎士團的成員大約有六千名，後續增加到七千名，加上一千名奴隸——但必須小心看管，避免他們叛亂。最終，守軍總人數在八千到九千人之間。就是這點兵力要經受住鄂圖曼帝國強大的陸海軍的全力攻擊，其難度可想而知。

如德拉瓦萊特所料，外界的支援是多麼不靠譜。四月九日，騎士團派出去求援的船隻終於有返航的了，「西西里總督唐加西亞．德托萊多率領一支由二十七艘加萊船組成的艦隊駛向馬爾他」。總督向騎士團團長表明自己已盡了最大努力，腓力二世將派遣兩萬五千名步兵施以援手。但是，這樣的承諾相當於空頭支票，國王怎麼可能提供這麼多兵員呢？德拉瓦萊特提出了最後的要求，能提供一千名西班牙步兵也行。西西里總督真誠地表示，他絕對不會丟失信譽的，為了證明這一點，他留下了自己的兒子弗雷德里克，並讓他聽命於騎士團團長。當西西里總督準備離開馬爾他時，他用自己的艦隊盡可能多地帶走了島上的老弱婦孺。騎士團本身也在疏散無助於守城的人口，除了最大限度地減少無謂犧牲外，也為了減少糧食的消耗。西西里總督還建議「把參加軍事會議的人數限制到最少，並且確保參會者都是資深老兵」。這當然是非常有必要的，軍事會議人數太多將導致派系林立、目標分散和機密洩露等一系列問題。「節省兵力，禁止小規模作戰和突擊，每個人都要抵抗敵人對防禦工事的主攻……領袖的死亡經常導致作戰失敗。」這些建議都非常中肯，只有最後一條是德拉瓦萊特置之不理的。他本人的驍勇不說，其狂熱的信仰將使他置生死於不顧。[17]

西西里總督帶著最真誠的祝福和祈禱離開了馬爾他群島。德拉瓦萊特在心裡還盤算著一件非常重要的事：糧食的儲存與水源的分配。穀倉一共有三處，分別在聖艾

17 參閱厄恩利·布拉德福德的《大圍攻：馬爾他 1565》。

爾摩堡、聖安傑洛堡和聖米迦勒堡。從西西里運來的糧食被全部搬進地下室，並用沉重的石塞封上。他還集合全島的陶罐從兩個老城區（瑪律薩、姆迪納）灌滿天然泉水，再分發到各要塞。讓騎士團團長欣慰的是比爾古城堡有自己的水源供應，「那是一口幾乎靠奇蹟才被發現的泉水」。事實證明，水的儲備和分配為戰爭勝利起到了非常重要的作用，特別是到了戰爭後期最艱苦的階段。

直到六月，騎士團還沒有盼來其他的援助。德拉瓦萊特在高度戒備中保持著清醒的頭腦，他知道蘇丹即將起航——只有這樣蘇丹才有「整個夏季的時間來征服馬爾他島並鞏固戰果」。這樣的戰略並不奇怪，特別是海上作戰，許多時候入侵和登陸行動都不是在豐收季節，因為要考慮到船隻在海上作戰的適應能力——冬季對許多船隻來說，都是非常致命的。在羅德島之戰中，騎士團抵擋了蘇丹六個月的圍攻，雖然最終失敗了，但德拉瓦萊特據此可以推算出馬爾他如果會陷落的大體時間，那就是在秋季。羅德島土地肥沃，便於入侵者維持補給，而馬爾他群島則相反，並且離伊斯坦堡十分遙遠，這意味著蘇丹的戰線過長。因此，馬爾他只要能堅持到九月就極有可能獲得這場戰役的勝利。

蘇丹方面同樣在加緊備戰，一五六四—一五六五年間的整個冬季，陸軍和海軍磨刀霍霍、毫不懈怠。蘇萊曼一世已經風燭殘年了，但他依然盡可能地保持著旺盛的生命力和不容侵犯的威嚴。他親自視察了金角灣的兵工廠、船塢以及整支艦隊。這位蘇丹的晚年並不順利，他經歷了離別和背叛：他深愛的妻子羅克塞拉娜（Roxelana）[18]去世了。羅克塞拉娜皇后也被稱作許蕾姆蘇丹（Hürrem Sultan），Hürrem 在土耳其語中寓意為「高興者」。根據十七世紀波蘭詩人薩穆埃爾·特瓦爾多夫斯基（Samuel Twardowski）的說法，她出生在利沃夫的一個烏克蘭東正教家庭裡，「羅克塞拉娜」的意思就是魯塞尼亞人（Rusyny，一個東斯拉夫民族）。當時，克里米亞汗國四處劫掠，而羅克塞拉娜在克里米亞汗國的一次掠奪中不幸被掠為奴，隨後她被售往伊斯坦堡。在那裡，鄂圖曼帝國的大維齊（最高行政長官，相當於宰相）易卜拉欣購買了她，因為某些原因把她作為禮物送給了蘇丹。美豔動人、睿智、有手段的羅克塞拉娜很快獲得了蘇萊曼一世寵愛，她的權力逐漸擴大，並在殘酷的宮廷鬥爭中擊敗所有對手，掀翻了前任皇后和皇儲，最終獲得勝利。她的一生爭議很大，曾讓蘇丹特例允許她在公開場合露面——在那個時代的鄂圖曼帝國，女人常被軟禁在深宮裡，不准拋頭露面，由閹奴嚴加看管。在法蘭西斯·培根的隨筆中，

18 一五〇二—一五五八年，真名不詳，蘇萊曼一世皇后，謝里姆二世的母親。

她被描述成一個妖后。

深愛的美人的離去讓蘇丹痛苦萬分，他會想起出征的時候羅克塞拉娜寫給他的情書：「我的主人，我的蘇丹，我的卑微的面孔伏在您腳下神聖的塵土中，我熱愛的蘇丹，我的主人，我親愛的靈魂，我的命運，我的幸福！我的蘇丹，您的尊貴的書信中的每一個字，都給我的眼前帶來無限光明，都為我的心中帶來喜悅。」「分離像烈火一樣灼燒著我，令我肝腸寸斷，眼裡滿含著淚水，我彷彿沉沒在深海，從早到晚，不再與您分離。我的蘇丹，自從與您分離，我再也不聽夜鶯的歌聲。神啊，請將這思念帶來的痛苦賜給我的敵人。」悲痛還未結束，一五六一年，反叛蘇丹的皇子巴耶齊德被處決，宮廷裡無休止的明爭暗鬥讓蘇萊曼一世感覺他作為安拉（真主）在人間的代言人享受帝國霸業的時間不多了。因此，蘇萊曼一世內心充滿了焦慮，雖然由他提拔的現任帝國艦隊司令皮雅利在北非海岸的傑爾巴島戰鬥中大獲全勝，但是他心裡依然焦慮，沒有露出一絲笑容。正如歷史學家馮·漢默所言：「他一手促成了盛況空前的慶典卻絲毫不改其素有的嚴肅莊重。無論是勝利引發的自豪，還是凱旋掀起的狂喜，都沒能使蘇丹一展笑顏——私人生活的痛苦不僅使他自我封閉，還給他披上了勇氣的鎧甲去面對不期而至的打擊。」[19]

即便如此，我們也不能就此判斷蘇萊曼一世圍攻馬爾他是意氣用事。穆斯塔法帕夏和皮雅利兩位左膀右臂的能征善戰是蘇萊曼一世決定圍攻馬爾他的重要原因之一。執掌帝國兵符的穆斯塔法帕夏來自鄂圖曼帝國最高貴、最古老的家族，其先祖據稱源自本·瓦利德，是先知穆罕默德本人的旗手。家族的榮耀一直讓穆斯塔法狂熱而忠誠，他為蘇丹鞍前馬後地效勞，但他的殘暴無情和野心勃勃同樣讓人詬病（對任何落入他手中的基督徒一律格殺勿論）。他參加過圍攻羅德島戰役，與騎士團浴血奮戰，在與匈牙利和波斯的一系列戰役中久經考驗。這一次，他要將聖約翰騎士團徹底地逐出地中海。

皮雅利出身於基督教家庭，這可能也是他與穆斯塔法有爭執的原因之一。皮雅利是一五三〇年蘇萊曼一世圍攻貝爾格勒期間被蘇丹收留的，當時他還是一個孩童。蘇丹見他被遺棄在城外的犁頭旁，一時動了惻隱之心，把他帶回了宮裡。皮雅利在少年時期就進入帝國海軍服役，長時間的磨礪，讓他在與基督徒的作戰中得到成長。

19　引自厄恩利·布拉德福德的《大圍攻：馬爾他1565》的轉述內容。

蘇丹對他很是滿意，也很器重，圍攻馬爾他的時候，他正值三十五歲，因此蘇萊曼一世選定兩人協同指揮帝國軍隊。他們兩位都是傑出的司令官，而他們的副手同樣能力卓越：亞歷山大港的總督勞克．阿里（El Louck Aly）是帝國令人敬畏的船長，資歷深厚，經驗豐富；勞克．阿里原是多明我會[20]的信徒，後來他叛教成為土耳其海盜，縱橫於愛琴海海域。此外，艦長薩利赫（Salih）、阿爾及爾總督哈桑（Hassem）也接到蘇丹命令協助圍攻馬爾他，兩人手下所有的船隻和部隊隨時聽候調遣。

值得注意的是，蘇丹的安排看似沒有什麼問題，實則導致了權力分化。換句話說，蘇丹心裡未必就完全信任他們。雖然蘇丹本人著重強調兩人要精誠團結，但是他命令二人必須等圖爾古特到達後才能發起總攻的命令已經透露出蘇丹的內心意圖——實際上，圖爾古特被蘇萊曼一世祕密賦予了某種權力，他監視著穆斯塔法和皮雅利的一舉一動。難怪天性快活而又促狹的大維齊阿里在看到「這兩位司令官走向集結起來的艦隊時，不免揶揄」。阿里這樣說道：「這兩個詼諧幽默、酷愛咖啡

20 天主教托缽修會主要派別之一，由西班牙人多明我於一二一七年創立，獲教皇洪諾留三世批准。多明我會以布道為宗旨，著重勸化異教徒和排斥異端。一二三二年受教皇委派主持異端裁判所，殘酷迫害異端，多明我會在十八世紀後趨於衰弱。

和鴉片的人，馬上要啟程去島上好好玩耍一番了。」可以想像，兩個不同性格的人要精誠團結地一起作戰會出現什麼樣的場景了，而最可怕的是圖爾古特比他們還深受蘇丹信任。[21]

一五六五年三月二十九日，鄂圖曼帝國的艦隊從博斯普魯斯海峽駛出，艦隊在金角灣等待蘇萊曼一世的檢閱。這支艦隊由一八一艘艦船以及眾多小型帆船組成。其中一百三十艘為纖長多槳的加萊船，屬當時最大的戰船之一，大約能搭載一千人；十一艘大型商船與艦隊隨行，主要用於運輸戰鬥人員和武器，每艘商船搭載六百名戰鬥人員、六千桶火藥和一千三百枚炮彈。

蘇萊曼一世迎著海風，蒼老卻矍鑠的他注視著艦隊，彷彿在向安拉祈禱，這一次定要徹底擊敗令他憤怒不已的聖約翰騎士團，並將它們趕出地中海。兵貴神速，就在四月初，帝國艦隊駛出金角灣，直下愛琴海。然而，皮雅利希望艦隊緩慢航行，能在五月抵達是最好的，因為那個時候的地中海風平浪靜，更利於艦隊的安全。

可是，圍攻馬爾他這樣大規模的軍事行動，怎麼可能悄無聲息呢？馬爾他群島很快就要更熱鬧了！

21 參閱厄恩利・布拉德福德的《大圍攻：馬爾他 1565》。

02
生死較量

鄂圖曼帝國的艦隊出師不利。

在馬爾他大圍攻開始之前，騎士團團長就做好了相應的情報工作，這些商人扮演著雙重角色，利用身分之便搜集情報。另外，土耳其人大規模的軍事行動，也會引起沿途居民的注意。實際上，在馬爾他大圍攻期間，惡劣的海洋氣候或多或少幫助到了騎士團。這樣看來，土耳其人的出師不利也在情理之中。

根據伊斯坦堡當地商人、漁夫以及看見艦隊路過的商船提供的消息，這支龐大的艦隊曾遭遇了風暴，一些船隻被吹向沙灘，其中一艘連同船上的一千人全部葬身海底，另一艘連著幾門火炮以及八千桶火藥也沉沒。無論這樣的消息是真是假，都不會讓騎士團團長德拉瓦萊特心裡有任何一絲懈怠，當然也不會阻擋鄂圖曼帝國艦隊前進的步伐。

上面的消息對騎士團而言也並非一點用處沒有，至少團長德拉瓦萊特瞭解到敵方的兵力是如此強大。歷史學家到現在也沒能知道土耳其人出動的確切兵力，但保守估計在三萬到四萬人之間。需要說明的是，這些數字是指訓練有素的作戰人員，不包括水手、奴隸、後勤人員。在訓練有素的作戰人員中，有六千三百餘名作戰能力超強的禁衛軍，而這一時期的帝國禁衛軍總人數約為四萬。因此，我們有理由推測，參加馬爾他大圍攻之戰的禁衛軍一定是精銳中的精英。

土耳其人的兵力構成和武備情況，布拉德福德著作中的描述簡直讓人驚歎：「大約九千名來自安納托利亞（大致相當於今天土耳其的亞洲部分）、卡拉曼尼亞（指舊時的卡拉曼公國區域，這是位於安納托利亞高原的一個小公國，後為穆罕默德二世所滅）和羅馬尼亞的西帕希（西帕希在波斯語中意為軍隊，屬鄂圖曼帝國的軍事封建地主騎兵，其地位相當於歐洲的騎士）構成了軍隊的主體。另外有四千名非正規軍，他們是一支由宗教狂熱者組成的特殊部隊，被訓練成了屆時衝向城牆缺口的敢死隊。軍隊的主要人員是四千名志願兵和五千名應徵兵。大量的希臘叛教者、黎凡特人和猶太人也乘著他們自己的船隻或特許船跟隨著艦隊……除了搭載這些部隊以外，艦隊還運載著八萬發炮彈，一．五萬公擔（一千五百噸）用於火炮和圍城武器的火藥，以及二．五萬公擔用於火槍和小型武器的火藥……港口的軍需官也沒有忘記軍隊將要宿營地區的地形，準備了一袋袋的羊毛、棉布、繩索、帳篷和許多馬匹以供西帕希使用，還從商人那裡採購了船帆和給養。」

穆斯塔法帕夏的主力艦由無花果木打造，名為「蘇丹娜」號，船長是一名在東部地中海有「島間蘇萊曼」稱號的海盜，曾在巴巴羅薩手下服役，令人生畏。皮雅利的旗艦是一艘有三十四排槳位的加萊船，整艘船顯示出黃金般的榮耀，被譽為「博斯普魯斯海峽上所能見到的最大最美麗的船」。

與此同時，馬爾他群島上的騎士團也做好了所有準備。值得一提的是，「所有位於比爾古和森格萊阿的城牆之外的建築都被夷平，這樣狙擊手便沒有了藏身之處」。七艘槳帆船有兩艘駛向了墨西拿，剩餘的五艘中有三艘安置在聖安傑洛堡後方的護城河上，兩艘被鑿沉在比爾古外部的水域裡，它們是「聖加百列」號和「庫羅納」號，在必要時可以被打撈出來使用。島上的居民將所有的牲畜和能上繳的蔬菜等物放置在比爾古與姆迪納的高牆內，這樣做是為了讓入侵者無法在島上獲得物資補給。

騎士團團長德拉瓦萊特下了一道命令，讓不能作戰者遷入姆迪納避難，他認為比爾古極有可能最先遭到攻擊，同時也是為了騰出活動空間，避免城堡擁堵不堪。在比爾古城堡的週邊，即東南面的海域常被入侵者青睞，因為那裡有天然良港馬爾薩什洛克（Marsaxlokk），寬闊的港灣對於鄂圖曼帝國艦隊而言——尤其在整個夏季——是最好的避風處。一旦土耳其人的艦隊在那裡得到庇護，將對城堡產生巨大威脅。

承受第一輪攻擊的是聖艾爾摩堡，之所以這樣說，是因為德拉瓦萊特經過慎重分析，認為該堡北邊的馬薩姆塞特港是一個非常好的駐泊錨地。如果土耳其人的艦隊進行突襲，一旦突破就能長驅直入這個入口，以往圖爾古特和其他海盜都是從這裡突破到島內的。因此，聖艾爾摩堡的防禦力顯得非常重要，況且它還是新修建的，未經過實戰檢驗。即便土耳其人的艦隊不從馬薩姆塞特進行戰略突破，而是從大港灣發動攻擊，聖艾爾摩堡依然躲不過第一道攻擊。因此，這座城堡肩負著第一道防線的重任，必須給予盡可能多的守軍。西西里總督曾許諾的一千名援軍，最終只來了兩百名，由唐胡安·德拉塞爾達（Don Juan de la Cerda）指揮。德拉瓦萊特將這裡的守衛重責交付給一位來自皮埃蒙特（Piedmont）的七旬老將路易吉·布羅利亞（Luigi Broglia）。他知道這位將領無論勇氣還是經驗均讓人佩服，是能夠勝任統御官一職的。為了安全起見，他最終派了西班牙騎士胡安·德瓜拉斯（Juan de Guaras）作為副指揮官進行協助或支援。另外，還有來自其他區域的四十六名騎士志願者加入到這座城堡的守衛中。

議會上有人建議放棄姆迪納和戈佐島上的城堡，這樣可以節省出兵力到大港灣區的重要防禦據點。但是，睿智的德拉瓦萊特認為守衛這兩個地方的城堡具有防止被入侵者襲擾的作用，絕對不容忽視。而最重要的還在於可以保存島上最後的防禦力量，不能讓騎士團的所有戰鬥力量在第一輪或多輪的殘酷戰鬥中消耗殆盡，他們將作為隱藏的力量在至關緊要的時刻發揮作用。如果土耳其人將大本營設在馬爾他島的南部，那麼騎士團就必須要確保與馬爾他北部、戈佐島、西西里島的聯繫，因為這將是外援或者是退路的保障。多種可能性，騎士團團長都考慮到了，並做了盡可能合理的布局。

德拉瓦萊特知道這場戰爭有多麼的殘酷。他甚至想到過自己即將死亡，再也不能和騎士團的兄弟們並肩作戰了。為此，他召集了所有的成員，並對他們做了最後的講話：「即將打響的戰役是兩種信仰之間的對決。異教徒的大軍對我們的島虎視眈眈。我們是基督千挑萬選的戰士，如果天主需要我們殺身成仁，此時此刻便再好不過。那麼，我的兄弟們，讓我們不再猶豫，走向聖壇。在那裡我們將重申誓言，以聖禮重鑄信仰，以信仰視死如歸。誠既勇兮又以武，終剛強兮不可凌。」

同樣，土耳其人也士氣高漲，他們高喊：「啊，真正的信徒們，當我們與異教徒狹路相逢的時候，不要把後背留給敵人。無論是誰，如果背敵而逃，都將招致真主的怒火，他將在地獄永無寧日。」[22]

五月十八日，那天是星期五，土耳其人的攻擊開始了。

鄂圖曼帝國的艦隊在離馬爾他島二十四公里的時候，聖艾爾摩堡和聖安傑洛堡的瞭望哨均發現了這支龐大的艦隊，它們正從東北偏東方向壓過來。當時，正值黎明破曉時分，海面上薄霧逐漸退散。瞭望哨發現敵方艦隊以扇形隊形前進，平靜的海面上因船槳上下翻飛而激起一道道波痕。哨兵當機立斷，向島上發出警戒的炮聲。三聲炮響後，島上的人看到炮口散發出的濃煙，所有人快速行動起來。

土耳其人的艦隊離島不足八百公尺了，它們分為三隊向海岸駛來。行駛到懸崖峭壁的背風處，即姆賈爾（Mgarr）村稍微偏北的地方，艦隊開始拋錨。令人奇怪的是，他們並未發動攻擊，直到凌晨前的幾個小時，有三十多艘戰艦開始起錨，並轉向南行駛。騎士團團長命令騎兵隊密切關注艦船的動向。

從土耳其人的艦隊試圖攻擊的方向來看，並不是騎士團團長預料的那樣，因此他長時間地感到疑惑憂慮。他一度懷疑土耳其人是佯攻，直到夜晚看到敵方艦隊從原

22 參閱厄恩利．布拉德福德的《大圍攻：馬爾他 1565》。

路返回了馬爾薩什洛克，他心中的疑慮才打消。真正的戰鬥如他所料將在南部展開。

為了消耗或打擊土耳其人的戰鬥力，德拉瓦萊特下了一道投毒的命令，人們分成若干小隊向馬爾薩什洛克地區低地的水井投毒。大量大麻、亞麻、苦菜還有糞便被扔進水坑、井裡以及泉眼裡。如果有人飲用了這樣的水，就會引發痢疾的傳播。讓人不解的是，即便如此，土耳其人仍然在飲用著馬爾薩什洛克的水源。或許他們並未意識到這將有多麼可怕。

在聖安傑洛堡與森格萊阿之間有一道狹長水域，騎士團充分利用了它的防禦價值，在其頸部位置橫起了一道巨大的鐵索，彷彿同金角灣那裡的鐵鍊如出一轍，借著特殊的地理位置保衛著重要的城堡。將這裡的入口封鎖住，就可以防止任何來自海上的攻擊。而這條鐵索的品質將起到至關重要的作用，它由當時一流的兵工廠——威尼斯兵工廠純手工打造，長度超過兩百公尺，每一個鐵環花費了十個金杜卡特，總造價就可想而知了。騎士團在聖安傑洛堡的底部建造了一個專門的平臺，那裡有一個大型絞盤控制著鐵索。鐵索的另一端則固定在森格萊阿一側的巨錨上，巨錨原屬羅德島的克拉克大帆船，它是騎士團的旗艦。巨錨被深深地嵌入岩石中，並用石壘加固，用穩如泰山來形容也不為過。

現在，這道巨大的鐵索將發揮其作用。騎士團命令許多奴隸推動絞盤提升鐵索。

按照布拉德福德的說法，隨著鐵索「破水而出（和平時，鐵索沉入比船隻吃水略深的深度），馬爾他船夫們划著小舟搭起了木質浮橋，每隔一定距離就把浮橋與鐵索綁牢，如此一來就構建起一道堅不可摧的屏障，以防任何突襲者闖入。浮橋還能使鐵索浮在水面上，避免鐵索中段鬆弛或下沉」。

「至此，無論是在陸上還是海上，比爾古和森格萊阿所處的兩個海岬均已對侵略者嚴陣以待。」

等待是緊張而刺激的，這種心緒直到五月二十日，鄂圖曼帝國發動攻擊。

§

十九日，週六，午時，土耳其人開始在瑪律薩什洛克登陸。前衛部隊沒有受到阻撓在南部登陸。隨後主力艦隊全部調頭轉向南，到午夜時分，所有艦隊駛向了瑪律薩什洛克的錨地。

在白天已經登陸上岸的土耳其人大約有三千人，其中有一千人是驍勇的禁衛軍。他們的任務是快速掃蕩距離海岸二．四公里的澤敦（Zejtun）村，奪取那裡所有的牲畜和農作物。然而，土耳其人的計畫落空了，就連莊稼也未曾得到一點，因為農民早已將其收割完了，這得益於騎士團團長的先見之明。氣急敗壞的土耳其人在面對一片荒蕪的鄉村準備撤離時，馬爾他一方的大元帥德科佩爾（De Koppel）派出的一支監視馬爾薩什洛克和澤敦村北部地方之間道路的騎兵與土耳其的先鋒巡邏隊遭遇。雙方發生小規模戰鬥，土耳其人依靠兵力優勢獲勝，另一方傷亡數人後迅速撤離。土耳其人俘獲了兩名騎士團成員，一名是因傷被俘的法國騎士阿德里安・德拉里維埃（Adrien de la Rivière），另一名是葡萄牙新兵巴爾托洛梅奧・法拉內（Bartolomeo Faraone）。

五月二十日，真正的戰鬥開始。穆斯塔法的主力部隊於這天早晨登岸。隨後，穆斯塔法開始審訊兩名俘虜，詢問他們馬爾他的防禦情況。兩名勇敢的騎士一字未說，他們知道穆斯塔法的行事風格，說與不說都是一個字「死」。然而，酷刑之下有多少人能堅守不渝呢？最終，兩人供出了騎士團防禦最弱的區域——卡斯提亞（Castile）。因此，穆斯塔法決定對該區域進行試探性進攻。

接下來的幾場戰鬥都是試探性的，雙方不分上下，傷亡都不小。土耳其人明白他們遇上勁敵了，這場圍攻戰註定血肉橫飛，慘烈不已。畢竟雙方都是抱有某種信仰而戰，特別是伊斯蘭教徒的狂熱如火一樣熾烈。這些試探性的戰鬥，譬如土耳其人的一個前衛分隊在馬爾薩什洛克尋找水源的時候，騎士們從姆迪納附近的山坡呼嘯而下，就像切西瓜一樣將土耳其人殺得屍橫遍野。與此同時，土耳其人不受阻礙地在馬爾他島的整個南部地區完成了部署。

我們不禁會產生疑問，依據圍城戰防禦一方的通常使用戰術，在敵方登陸的那一刻發動一輪攻擊是能收到不錯的戰果的。德拉瓦萊特卻未採用這樣的戰術，一些歷史學家對此感到迷惑。實際上，騎士團團長沒有採用此戰術是明智之舉，因為對一座要塞而言，重要的是要讓一支小部隊承受住占據絕對優勢的敵軍的輪番攻擊。

德拉瓦萊特非常清楚這一點，在這場艱苦卓絕的圍城戰中，島上能夠作戰的士兵人數不會超過九千人，而鄂圖曼帝國一方卻有至少三萬名士兵。如果貿然出擊，就等於放棄了城堡的庇護，在寬闊的周邊進行作戰，無論這點兵力有多麼驍勇，最終都會寡不敵眾。但是，如果守軍在城堡內採用了正確的戰術，是有可能最終取勝的。這個道理，在三國時期的曹魏和蜀漢之間同樣得到了體現，司馬懿堅守不出，諸葛亮也無計可施。聖約翰騎士團身經百戰，擁有豐富的要塞防禦戰術及經驗，只有把戰場放在堅城高壘的後方，騎士們才能抵抗強大的土耳其人。

穆斯塔法將全軍分為三部，左翼為馬爾薩什洛克地區，右翼正對著森格萊阿，中軍緊靠柯拉迪諾。另外，守軍防禦力量最強的一段在卡斯提亞，那裡配置了許多火炮，給予禁衛軍沉重打擊，傷亡巨大。穆斯塔法這才發覺被兩名俘虜欺騙了，他怒不可遏地下令用大棒將他們活活打死。

在第一輪的真正交鋒中，騎士團大獲全勝，兩名被俘的基督徒做出了重要貢獻。接下來，土耳其人就選擇進攻地點產生了爭議。穆斯塔法的戰略是以強攻的形式迅速拿下馬爾他島北部和戈佐島，然後再揮師攻打姆迪納，一旦這一作戰目標達成就可以進攻比爾古和森格萊阿。至於聖艾爾摩堡，他認為只要利用艦隊的一部封鎖住大港灣就可以了，另外一部則在海上阻擊援軍即可。這種海陸協同作戰的思想是非常明智的，然而，穆斯塔法的戰略被皮雅利給推翻了。他認為最大的威脅在於馬爾薩什洛克，因為那裡的運輸船極有可能會遭受到攻擊，這是帝國在這場戰爭中取勝的命脈，絕不能讓其受到一點傷害。並且，他也不同意將艦隊布置在馬爾他島、戈佐島的東部和東北部沿岸海域。因此，他十分嚴厲地指出，保護帝國艦隊比什麼都重要，在發動攻擊之前一定要將艦隊放置在一個真正安全的錨地。也就是說，艦隊不在大港灣駐紮的話，只有駐紮在馬薩姆塞特了。

皮雅利之所以會如此堅持自己的意見，主要是因為他認為在整個五月到六月期間馬爾他海域有來自東部或東北部的強風或者狂風的可能性。特別是格雷大風，這是地中海上一種非常可怕的東北風，無論多麼優秀的水手，都會在它面前露出畏懼的神色。然而，皮雅利應該是過於考慮格雷大風的威脅了，並且對海上氣候的瞭解不夠深入。因為格雷大風在三月或者四月後就幾乎不再威脅到馬爾他了，其實將艦隊的錨地放置在馬爾薩什洛克是很好的選擇。

穆斯塔法非常不情願地接受了皮雅利的意見，他知道眼前這個年輕的將領與蘇丹皇室的關係，蘇丹已經把他當作最親近的人，甚至他還極有可能成為年輕的駙馬。穆斯塔法盡全力地做出了折中的計畫，為了能將艦隊放置在馬薩姆塞特，他必須要指揮部隊首先拿下聖艾爾摩堡。因為這座城堡的地理位置太特殊了，它俯瞰著馬薩姆塞特灣的入口。根據蘇丹派出的間諜提供的情報，聖艾爾摩堡的修建時間過短，因此它是不堪一擊的。得到情報的土耳其人自然內心竊喜，然而真正竊喜的應該是騎士團，他們正好可以利用這個時間對城堡進行加固，並優化防禦——土耳其人想要拿下聖艾爾摩堡必須先突破兩道防線，即比爾古和森格萊阿。騎士團團長立刻通知聖艾爾摩堡的守備官路易吉．布羅利亞，讓他做好抵禦第一輪攻擊的準備。為了確保這座城堡的安全，團長還增派了援軍——馬斯上校（普羅旺斯騎士皮爾埃．德馬斯奎斯．維爾孔）從墨西拿帶來的四百名士兵（基於榮譽感和聖戰，其他區域的騎士加入到這場保衛戰中）剛剛到達。由此，聖艾爾摩堡的守備力量得到了加強。

我們不得不佩服聖艾爾摩堡的設計者。它是一個呈星形的城堡，有四個主要的突出部。為了抵禦炮火對城堡的正面轟擊，設計者將正面切割成棱堡狀。在臨海的方向有一座騎士塔，它被一道深深的壕溝分割開來，而另外一座小三角堡與騎士塔和城堡的主體相連，前者透過一座吊橋，後者則透過一座石橋實現。這樣看起來十分怪異的設計，充分考慮了堡址的特殊地形。因為希貝拉斯山的山頭十分荒涼，沒有任何掩體，也沒有任何可供挖掘壕溝的泥地。這就意味著，土耳其人擅長的挖地道攻破城堡的戰術很難得以實施。在羅德島圍攻戰中，騎士團曾吃過這樣的虧，現在不能讓悲劇重演。

無奈之下，土耳其人只能從馬爾薩什洛克和鄰近的鄉村耗時耗力地運來用麻袋裝好的泥土，它們將被搭建成掩體。在工事未完成之前，穆斯塔法不得不將他的軍隊布置在主山脊下，這樣一來，對聖安傑洛堡與聖艾爾摩堡之間水域的封鎖力度將大大減弱。

工事可以同時進行構築，而發動攻擊的時間不能再往後延了。穆斯塔法擔心時間拖下去會讓騎士團做好更為充分的準備。五月二十四日早晨，穆斯塔法下令炮轟聖艾爾摩堡。土耳其人的炮火異常猛烈，儘管城堡十分堅固，還是有大塊大塊的岩石碎落下來。粉末飛揚，形成灰濛濛的盲區，堡內無法瞄準射擊，只能進行盲射。騎士團團長打算利用堅固的城堡防禦消耗掉土耳其人的兵員和彈藥，這樣一來，他們就有時間加固受損的聖艾爾摩堡——由馬斯上校派出兩百名士兵加上六十名槳帆船上的奴隸對城堡進行維護。為了加速這一計畫的實施，德拉瓦萊特決定誘使土耳其人向貧瘠海岬上的小城堡發動攻擊。考慮到土耳其人在希貝拉斯山安放的大炮對騎士團的威脅太大，想要引誘成功，就必須再修建一座小城堡，並安放二門與土耳其人炮位相同高度的大炮進行對轟。與之同時，德拉瓦萊特還讓姆迪納的騎兵突襲土耳其人的供水線路，無論是什麼部隊，只要有機會襲擊就絕不會放過。這一戰術讓土耳其人如芒刺在背，苦不堪言。

面對這樣的困境，土耳其人必須速戰速決才行，因此他們夜以繼日地在希貝拉斯山上挖掘壕溝、修建地堡。在如此惡劣的環境下，土耳其人發揮出了讓人驚歎的能力，他們的無情與冷漠令人膽寒——勞工和奴隸既要忍受監工的鞭笞，還要冒著守軍猛烈的炮火不斷地採石、挖掘和搬運。許多勞工命喪於此，他們的屍體堆積如山，並被埋進了工事裡，其場景慘不忍睹。五月下旬，這些工程完成了。隨後，土耳其人成功地將十四門大炮部署在此，進行更加猛烈的轟擊。聖艾爾摩堡和其他一些堡壘正遭受無休止的摧殘，只要一出現缺口，騎士團的路易吉·布羅利亞就命令部隊快速在後方築起一道防護牆。他們就這樣和時間賽跑，拼命地修築防護牆。然而，土耳其人的火炮實在太厲害了，城堡正在不可避免地縮小防護範圍。好在聖艾爾摩堡基本不用擔心來自海上的攻擊，因為這一側的陸地全是懸崖峭壁。布羅利亞打算向團長德拉瓦萊特報告說，只要他的手下還能操縱火炮，並能在夜間加固城堡，他就能守住聖艾爾摩堡，土耳其人唯一的取勝之道就是從希貝拉斯山找到突破口。現在，布羅利亞必須派出傳信者向騎士團團長報告這一內容。然而，他派出去的傳信者或許是害怕了，也可能是沒有經歷過這樣殘酷的圍城生死搏殺，被土耳其人的狂轟濫炸嚇破了膽。因此，他帶去的消息難免摻雜了負面的內容。

深夜，德拉瓦萊特正在召開緊急議事會議。很顯然，他及在座的騎士團議事成員都受到了傳信者德拉塞爾的影響，大家都心情沉重。

團長問：「騎士們認為城堡還能堅持多久？」

「大約八天，」騎士團的一位西班牙議事成員回答，「最多八天。」

「你們的準確傷亡數字是多少？」團長問德拉塞爾。

德拉塞爾沒有回答具體數字，轉而陳述了更為悲觀的內容：「就像一個病入膏肓的人，已用盡其力氣，沒有醫者的幫助就再也活不下去了。」[23]

團長很是憤慨，他表示要誓死保衛城堡，並說服眾人要具備無畏的勇氣，隨後有五十名騎士和兩百名西班牙士兵立即前往聖艾爾摩堡。援軍離去後，會議繼續進行，

23 參閱厄恩利．布拉德福德的《大圍攻：馬爾他 1565》。

他客觀地告訴眾人，聖艾爾摩堡陷落是遲早的事，不過，它將是整個戰役取勝的關鍵。因此，只要盡可能延長城堡的守衛時間，待外界的援軍一到，那時土耳其人就會陷入戰爭泥潭，失敗將是註定。西西里總督正在盡力組建援軍，他們還需時日才能將軍隊送過馬爾他海峽。

土耳其人繼續採取輪番炮擊的戰術，在炮火掩護下，他們開始逐步向前推進。這種步步為營的前進方式顯然是明智的選擇——除此之外，別無他法。

守軍正在經受嚴峻的考驗。亞歷山大港總督勞克．阿里的到來無疑提升了攻方的士氣，四艘裝滿軍火和食物的船隻簡直就是雪中送炭，而一隊專精攻城技術的埃及工程師的到來更是讓土耳其人歡呼雀躍，這意味著土耳其人的攻堅能力將得到大大提升。

下午時分，發生一起讓人驚歎的事情。騎士聖奧賓（St Aubin）之前在柏柏里海岸執行偵察巡航任務，他已經接到團長德拉瓦萊特的警告，土耳其人極有可能利用艦隊發動攻擊，讓他注意姆迪納城堡的煙霧信號，一旦見到信號應立即躲避。然而，這位勇敢的指揮官決定穿越封鎖線，抵達大港灣。不僅如此，在穿越封鎖線的時候還要給在比爾古和船塢海汊的敵人一點顏色看看。

土耳其艦隊司令皮雅利被一塊石頭碎片擊傷，他憤怒到了極點，不僅是因為受傷一事，還在於一艘掛有聖約翰騎士團旗幟的船竟然敢在強大的帝國艦隊面前獨闖封鎖線，毫無懼色地耀武揚威。皮雅利肺都要氣炸了，他認為「這艘船的指揮官一定是瘋了，於是決定派出六艘加萊船去對付這個基督教狂徒」。

一場驚險刺激的海上角逐即將上演。

海面開闊，視界較遠，聖艾爾摩堡上的瞭望哨可以看見聖奧賓與土耳其人的角逐場景。聖奧賓的座船周圍已經泛起陣陣煙霧，土耳其人開炮了，聖奧賓果斷地利用艦艏炮還擊。不久，夏季的海面上，炮擊產生的煙霧逐漸變厚擋住了聖奧賓的視線，此時他才發現大港灣的入口遍布敵艦，猛然意識到要強行突破成功是不可能了。於是他立刻改變航線向北駛向西西里島。他的船是騎士團裡性能優越的巡弋船，具有流線型的船身，因此航行速度極快，那六艘土耳其人的船隻有一艘勉強還能追趕。不過，聖奧賓一流的駕駛技術讓土耳其人望塵莫及。只見他加速航行，遠遠甩開追逐的敵艦後迅速一個轉身，而一直高速航行的土耳其人的船想要突然剎住，必定使船身的一側傾覆，另一側的槳手必須用盡全力才能將船穩住。如此幾番下來，土耳其人吃不消了，航行速度明顯下降許多。無奈之下，這六艘艦船的指揮官穆罕默德·貝伊決定不再與這個難纏的對手浪費時間了，他下令船隊改變航線，回到了大港灣基地。受傷的皮雅利目睹了這場海上角逐過程，他再次暴跳如雷，感受到一種說不出來的屈辱——自己在競爭對手穆斯塔法和其他指揮官面前顏面盡失。內心憋屈的他痛罵了穆罕默德·貝伊，罵他膽小如鼠，讓自己和整個海軍蒙羞。隨後，他向這個不爭氣的下屬臉上吐了口唾沫，將他撤職了事。

最後，土耳其人的艦隊死守大港灣，聖奧賓的船向西西里島駛去。

德拉瓦萊特知道了聖奧賓的這次行動，也知道了亞歷山大港總督的援助到來。按照土耳其人的圍城經驗分析，最黑暗的時刻即將到來。

土耳其人出動了禁衛軍中的超級武士，給守軍帶來較為嚴重的損失。好在依賴聖艾爾摩堡的堅固，守軍勉強能守住。然而，一個更加厲害的對手的到來，讓騎士團團長的臉色凝重了幾分。

此人就是讓許多人頭疼不已的圖爾古特。

§

為了迎接這位傑出的海上勇士——圖爾古特，艦隊司令皮雅利決定以特殊的方式在他面前展示一番——海上響起轟隆的炮聲，土耳其人的艦隊似乎全部出動了。

皮雅利身先士卒，緊隨其後的不少於八十艘的戰艦則沿著海岸掠過大港灣最南端的蓋洛斯角（GallowsPoint）[24]直逼聖艾爾摩堡。每艘船都表現得勇猛無比，在逼近聖艾爾摩堡後進行一輪炮擊，歸隊後，後續的艦船次第行之。不久，聽到有人在呼喊：「德拉古特來了！」

德拉古特，現任的黎波里總督，那個時代最負盛名的穆斯林水手，當然，也是臭名昭著的海盜。土耳其人歡呼起來，為了給德拉古特深刻的印象，皮雅利特意命令艦隊向聖艾爾摩堡發動攻擊。然而，他的屬下表現得不盡人意。除了一小部分炮彈擊中了聖艾爾摩堡面向海面的城牆，大多數炮彈因為射程原因越過了城堡，落到遠方土耳其人自己的營地裡。更讓人尷尬的是，有一艘船竟然被騎士團的火炮擊中，不得不擱淺到海灘上。

德拉古特參加馬爾他圍攻戰的時候已經八十歲了，為了蘇丹的事業，已是高齡的他親自出馬。他帶著一把鑲金的彎刀，還有一本嵌有寶石的《古蘭經》，這都是蘇丹給予他最大的信任和重用的體現。蘇丹要求穆斯塔法和皮雅利在所有事務上尊重圖爾古特的意見。有關德拉古特的詳細資訊，以及他為什麼要如此賣力地為蘇丹

24 又叫絞刑架角，因騎士團在這裡絞死海盜和其他罪犯而得名，進入大港灣後，首先就會看到一些被吊死的人的屍體在鐵鍊上晃動著。

服務，馮・漢默、朱里安・德拉・格拉維埃和愛德華・漢密爾頓・柯里（Edward Hamilton Currey）等歷史學家均有相關的著作進行解說。特別是柯里的《地中海的海狼》（*Sea Wolves of the Mediterranean*）一書，其中的描述比較詳細。

簡單來說，德拉古特曾多次對馬爾他進行劫掠（一五四〇—一五六五年間劫掠不下六次）。一五四四年，他的一個兄弟死在了馬爾他，馬爾他要塞的總督為了震懾這幫兇惡的入侵者，焚燒了他兄弟的屍體。憤恨無比的德拉古特隨即發出了毒誓：「總有一天，會在騎士團的領地上遇見死神。」這個死神就是指德拉古特自己。為了證明這條毒誓並非空話，在一五五一年的入侵中，德拉古特將戈佐島上的絕大多數居民變賣為奴隸。從利益上講，他與蘇丹基本上是一致的。多年的入侵經驗，加上他本人出色的才能，由他親自出馬助攻，蘇丹是十分放心的。此次他是以顧問的身分參與圍城戰，但在之後的戰鬥中被炮彈擊傷，傷重不治。

柯里在其著作中寫道，德拉古特對馬爾他十分熟悉，這緣於他之前多次較為成功的劫掠。在指揮部裡，他嚴肅地指出了兩位統帥，特別是皮雅利的戰略錯誤：「在攻擊任何主要據點之前，你們應當從北面封鎖島嶼，你們為什麼不首先攻下戈佐島，進而奪取姆迪納呢？這兩個城堡的防禦都已經陳舊且不堪一擊，應該能輕易拿下。奪取它們後，阻止騎士團的信使船駛向北面的西西里島就會變得很簡單。至於聖艾爾摩堡——也就自生自滅了！一旦你們控制了島的其餘部分，就可以忽略它的存在。到那時你們就可以稱心如意地攻擊比爾古和森格萊阿了。」

德拉古特深知要拿下馬爾他會有多困難，既然已經獲得了蘇丹最大的授權，那他自然希望自己的圍攻方案能得到最大限度地實施。然而，這當中又有尷尬的地方，無論是穆斯塔法還是皮雅利，都是他不得不有所顧忌的對象。從的黎波里出發前，他精心挑選了一千五百名作戰經驗豐富、戰鬥力強悍的士兵，並組建了一支擁有十五艘船的艦隊，搭載了圍城所用的火炮和彈藥。然而，馬爾他強悍的防禦體系，似乎除了用攻陷君士坦丁堡時採取的火炮輪番攻擊外，能做的只是盡可能發揮炮火的威力，而且前提是儘快找到防禦體系中的薄弱點。這個薄弱點應該不在目前主力進攻的方向，而在「週邊」。從這個角度來講，德拉古特主張首先拿下戈佐島，進而奪取姆迪納是非常正確的。

從德拉古特的分析來看，他不愧是老江湖，總能一語中的！他看出了馬爾他後門大開的危險所在。穆斯塔法無疑感受到了圖爾古特建議的分量，與之前他的戰略大體相同，只是皮雅利這位蘇丹的孫女婿太固執己見了。

皮雅利依然堅持自己的戰略——確保艦隊安全。德拉古特內心很無奈，雖然蘇丹如此地信任他，但他也深知東方觀念裡血統的重要性，不能讓皮雅利過於難堪。因此，他這樣建議道：「攻擊聖艾爾摩堡的行動已經開始，這是件非常令人遺憾的事，但是既然已經發生了，放棄也很可恥。」

無奈的德拉古特只能根據眼前的布局進行調整，隨後他下令將四門重型火炮安放在蒂涅角（Tigné Point），從北面正對著聖艾爾摩堡，因為那裡距離城堡不足四百五十公尺，炮彈可以落到對城堡傷害最大的地方。同時，他還對希貝拉斯山的炮位進行了調整，之前的炮位只能從一個地方進行轟擊，即只是向陸基城牆的一側（西側）實施較為有效的炮擊。具體來說，他將其中的一些火炮轉移到蓋洛斯角，騎士團在這個地方修建了里卡索利堡（Fort Ricasoli）。為了加強火力，圖爾古特還另外增加了五十門火炮。針對騎士塔，同樣布設了火力不弱的重炮，並與三角堡形成火力交叉。在大港灣的岸邊，德拉古特建議重新修建工事，以保護炮臺不受來自聖艾爾摩堡的炮火轟擊。

炮位經過重新調整後，聖艾爾摩堡將遭到來自多個角度的轟擊。而且騎士團團長透過夜間派出援軍支援各堡壘的策略也難以實施了。「切斷他們的交通線，城堡就必然會陷落」，德拉古特深諳破壞敵方海上交通線的重要性，正因為如此，他才在蓋洛斯角設置了炮臺。讓騎士團高興的是，皮雅利竟然拒絕提供火炮，他的理由依然是保護海上艦隊才是最重要的。因此，儘管圖爾古特在蓋洛斯角設置了炮臺，卻因火力不足，騎士團還是能夠透過精湛的航海技術來往於聖安傑洛堡和聖艾爾摩堡之間。

鬱悶的德拉古特只能採取其他措施，他命令禁衛軍一定要不惜一切代價拿下三角堡，因為三角堡是聖艾爾摩堡的周邊工事。

雖然有皮雅利的「從中作梗」，但是經過圖爾古特的一番戰略布局後，聖艾爾摩堡遭受到更為猛烈的轟擊，而且轟擊效果比之前明顯好多了。城牆開始出現缺口，新護牆也被炸得碎石橫飛，騎士團很快意識到土耳其人大規模的進攻就要開始了。

根據參加了這次保衛戰的騎士團成員巴比爾·達柯勒喬的記錄，聖艾爾摩堡遭到輪番炮擊時「就像爆發中的火山一樣，噴出火焰和濃煙」。根據另一位殉難的騎士留下的記錄，「在大多數日子裡，平均有不少於六千到七千發炮彈落到了聖艾爾摩堡」。[25]

五月末，天氣更加酷熱了，氣溫上升到攝氏二十七度。

守衛城堡的騎士們饑渴難忍，補給隊用浸過酒和水的麵包放在他們的唇邊，這樣

25 依據厄恩利·布拉德福德的《大圍攻：馬爾他 1565》中的轉述內容。

既能充饑，又能抑制住噁心或嘔吐。補修隊也馬不停蹄地修補破損的城牆。連日的戰鬥已經讓敵我雙方死傷枕藉，屍體堆積在壕溝裡無法得到及時清理，在高溫悶熱之下變得惡臭薰天，這也是為什麼補給隊要給麵包浸上酒和水的重要原因之一。荒涼的希貝拉斯山上更加酷熱，比爾古和森格萊阿南面的山脊同樣無法躲避烈日的炙烤。

酷熱的天氣對守衛者和入侵者都是公平的，但是就水源而言，對土耳其人的傷害簡直就是致命的。儘管他們已經對馬爾薩什洛克地區的水潭和水井進行了淨化處理，但是痢疾依然在軍中肆虐，特別是五月底開始，土耳其人被迫在馬爾薩什洛克區搭建了數百座帳篷，用以安置渾身無力、奄奄一息的病人。

騎士團當初針對水源的破壞之術，現在產生效果了，然而德拉瓦萊特依然對形勢感到十分不安。他派出去的信使帶回的消息令他眉頭緊鎖，就像西西里總督在信裡所言，組建援軍是一件艱難又緩慢的工作，騎士團將島上的每一座要塞守得越久越好。是的，時間對騎士團來說非常重要，時間越長就越能拖垮敵人，時間越長或許就能等來援軍。眼下，讓騎士團團長為難的一事在於「要不要將騎士團位於聖安傑洛堡後方、船塢海汊裡的加萊船」用作運輸船，以便給唐加西亞．德托萊多用來運輸物資。

考驗總指揮官全域能力的時候到了。他權衡利弊，認為騎士團承受不起將剩餘的加萊船用作運輸船的損失，最首要的一點是這會消耗掉相關配置人員，且很難保證他們在突破敵方封鎖線的時候不會喪命。負責傳遞資訊也好，運送物資也罷，能小心翼翼地使用好現有的運輸船才是最好的。而馬爾他的漁民同樣可以貢獻出自己的力量，漁民對海岸、淺灘和海灣瞭若指掌，因為那是他們安身立命、生活多年的地方。將剩餘的加萊船保護好，在最關鍵的時刻就能發揮重要作用，團長堅信這一點。同時，他也堅信騎士團「不能等著由他人來解救我們！我們只能依靠上帝和我們自己的利劍！但是這不應成為我們氣餒的理由。相反，瞭解自身的真實狀況遠勝於被似是而非的希望蒙蔽。我們的信仰和我們團體的榮耀就在我們自己手中」。[26]

德拉古特對海上的封鎖更為嚴格了。騎士團之前可以在白天的時候利用小船進行運輸，現在只能依靠夜間。不過，騎士團成員精湛的海上技能將為他們保駕護航。從聖安傑洛堡出發的小船趁著夜色前行，在航行的時候，他們儘量將划槳聲減到最小。可是，波光粼粼的海面最終還是暴露了他們的行蹤。有一回，土耳其人派出的小船悄悄地從蓋洛斯角附近的海灣駛出來，以截殺援軍的船隊。雙方在海上發生了

26 參閱厄恩利·布拉德福德的《大圍攻：馬爾他 1565》。

戰鬥。在第一輪對決中一艘馬爾他小船不幸沉沒，第二輪對決土耳其人吃了大虧，損失了兩艘船。自此之後，土耳其人不再派船進行阻截，而是採用炮火攻擊。這對騎士團來說是一件好事，他們依然可以憑藉精湛的航海技術運送援軍或物資。

但土耳其禁衛軍的厲害果然不同凡響。

六月三日，一名土耳其工程師發現了三角堡的周邊工事遭到了嚴重毀壞，德拉古特精心設計的炮擊產生了可觀的效果。也許，鎮守在那裡的衛兵如果能及時發出警報，禁衛軍就不會突破這道防線。據說，衛兵因為疲倦而呼呼大睡。關於為什麼在如此重要的時刻沒有人發出警報，因史料缺乏一直未有定論，有這樣一種說法，執勤的衛兵恰好被流彈擊中身亡，而他的同伴因為熟睡沒有發現。

就在這關鍵的時刻，早已準備好的禁衛軍從外崖一躍而出，打了守軍一個措手不及。三角堡的守軍幾乎全軍覆沒，這是自開戰以來，騎士團第一次遭受到如此慘重的損失。而這種損失帶來的惡果正在擴大，因為三角堡和城堡本身由一座木橋連接，極少數倖存的守軍經由此橋逃入聖艾爾摩堡。顯然，禁衛軍是不會放過這千載難逢的機會的！他們從三角堡殺將而出，試圖趁城堡大門未關閉之際殺入堡內。土耳其人叫囂著：「伊斯蘭雄獅們！現在就讓真主之劍把異教徒的靈魂從身體剝離，劈開他們的軀幹和頭顱！」

守軍發射的炮彈將橋炸出了一個個缺口，禁衛軍完全無視橋面上的洞口，繼續往前衝殺。這時，來自比薩的騎士蘭弗雷杜奇指揮兩門火炮直接轟擊敵人。禁衛軍死傷眾多，但依然前赴後繼瘋狂衝殺，有的禁衛軍扛著雲梯，試圖登上城牆。在這危急萬分的時刻，蘭弗雷杜奇發出命令，立刻調來祕密武器火焰噴射槍。這種武器源自厲害無比的「希臘火」，在君士坦丁堡之戰和之前的許多戰鬥中曾用過它，「希臘火」在帝國危急關頭發揮出了巨大作用。現在，聖約翰騎士團的騎士們依然憑藉這種可以噴射火焰的武器給土耳其人沉重打擊。

另外，騎士團還使用了「喇叭筒」，這種筒是由「木頭或金屬製成、固定在長杆上的」，裡面裝填著易燃混合物，混合物裡還加入了亞麻籽或松節油。這樣一來，噴射出來的火焰威力巨大。為了產生更大的威力，在喇叭筒的尾部還綁有一節鐵質或銅制的小管，小管裡面裝有鉛彈。也就是說，當前面的混合物燃燒殆盡的時候，就會點燃小管上的引線，從而發射出鉛彈。

禁衛軍遭到慘絕人寰的殺戮，他們的身體燃起熊熊大火的時候，還要經受鉛彈的打擊。他們的屍體倒在壕溝裡，火焰仍在燃燒，屍體發出吱吱的聲響，就像在烤肉一樣。

比「希臘火」和「喇叭筒」更厲害的是「火圈」。根據一位名叫韋爾托特的歷史學家的描述，它是由一位名叫拉蒙．福圖尼的騎士發明的。布拉德福德在《大圍攻：馬爾他 1565》中記錄道，它「由最輕的木材組成。木條首先被浸入白蘭地中，然後被擦滿油，隨後被浸泡過其他易燃液體且混雜著硝石和火藥的羊毛和棉花包住。待冷卻後，這個過程又被重複數遍。在戰鬥中，這些火圈被點燃，後被鉗子挑起扔到前進的人群中。一個火圈能套住兩到三個士兵」。由於穆斯林都穿著寬鬆平滑的輕質長袍，這種叫作火圈的武器對他們來說簡直就是索命惡魔。聖艾爾摩堡能度過此次危機成功守住，火圈的功勞最大。

穆斯塔法趕緊下令禁衛軍停止進攻，這時，禁衛軍已經損失了近兩千人，他們大部分是禁衛軍中的佼佼者。

土耳其人不甘心失敗，他們徵調來工兵和奴隸，還有許多牲畜。這些人和動物將更多的大炮拉上希貝拉斯山，禁衛軍剛撤退完畢，火炮就發出不間斷的猛烈攻擊。三角堡還是淪陷了，聖艾爾摩堡因此暴露在土耳其人面前，如果土耳其人築起高高的工事，堡內的一切將一覽無餘。更為嚴峻的是，土耳其人的艦隊也將出動，與陸上部隊進行聯合作戰。

馬爾他危矣！

§

比死亡更讓人擔憂的是士兵的絕望心理。

布拉德福德在《大圍攻：馬爾他1565》中寫道：「令人難以容忍的疲憊感與日俱增，夜裡的大部分時間被用來將屍體的殘肢碎肉埋入胸牆，這些不幸罹難的守城者被敵方炮火轟成碎片；戰鬥崗位對士兵來說毫無振奮之感，只是他們機械地睡覺和吃飯以及進行其他生理活動的地方；武器片刻不得離手，隨時準備作戰；白日間暴曬在炎炎烈日之下，黑夜裡還要忍受寒冷潮濕之苦；各種摧殘，從火藥的爆炸、煙霧、灰塵、希臘火、鐵片和石塊、排槍射擊，到火炮的密集轟擊、營養不足或疾病，使士兵們變得面目全非以至於彼此都認不出來對方。有些人因為受的是看起來不是很嚴重的小傷而恥於退出戰場，而實際上這些傷可以致命；有些人的骨頭錯位或被粉碎；有些人鉛灰色的臉由於駭人的傷口潰瘍而變得瘀紫青腫；有些人由於跛足而悲慘地步履蹣跚；還有些人可憐地被繃帶包緊了頭部，胳膊也打著綁帶且以奇怪的形狀扭曲著——這些慘狀隨處可見，幾乎就是守軍的全貌，與其說他們是活人，倒不如說是行屍走肉。」

在大港灣，海面因晨光的照耀而煥發出光芒。如果不是這場戰爭，騎士們可以靜靜地欣賞這美景。六月四日破曉時分，一艘小船突然從海上的薄霧中出現，駛向聖艾爾摩堡。船上一個身影站立，狂呼：「薩爾瓦戈！薩爾瓦戈！」原來，他是怕哨兵開槍誤殺他。與他同行的還有西班牙上尉德．米蘭達，受西班牙海軍司令唐加西亞．德托萊多的命令，專程來檢查聖艾爾摩堡的防禦狀況。拉斐爾．薩爾瓦戈也是騎士團的成員，他是奉西西里總督之命前來傳達消息的，德托萊多將於六月底之前派來援軍，最快也得等待六月二十日。

為何援軍會姍姍來遲呢？歷史上說法不一。大多數人認為德托萊多是一個膽小之人。實際上，他只是小心謹慎罷了，並且，他將援兵出動的時間拿捏得恰到好處。然而，對於騎士團而言，他們就得損失殆盡了。這也難怪騎士團的史官將他描繪成膽小者或惡人了——從十六世紀的博西奧到十九世紀的塔弗，對唐加西亞．德托萊多的描述從不客氣。

雖然沒有文字記載德托萊多拖延救援時間的記載，但是我們依然可以透過一系列的因素進行推斷。實際上，德托萊多一開始就知道騎士團團長手下有多少人，他是一名經驗豐富的老兵，能坐上司令官的位置不是浪得虛名。他知道，對於深陷圍困的城堡來說，每一個人都是不可或缺的。但他不能將艦隊派往西西里島，因為援軍根本無法突破土耳其人在大港灣的封鎖線，之前連經驗如此豐富的聖奧賓都失敗了。因此，他必須等待最佳時機，等待土耳其人的艦隊出現大問題，而這個大問題一定會隨著戰事的推進而產生。作為西班牙艦隊司令，他們必須對國王「腓力二世在地中海上最重要的領地負責」。蘇萊曼一世圍攻馬爾他的意義在於，一旦拿下馬爾他，西西里和那不勒斯就將是蘇丹的下一個目標。也就是說，圍攻馬爾他只是真正戰略目標的序曲。在這樣的節點貿然派出援軍，而非在最佳的時機，那麼援軍在施援途中可能就會被摧毀，或是在岸上被擊敗——土耳其人的重炮威力絕對不能小覷。援軍的失敗意味著西西里門戶大開，土耳其人的艦隊就能夠快速在錫拉庫薩南部和帕薩羅角附近登陸。這個時間不會太長，就是幾個小時的事，隨後西西里島的陷落也不會太久，最多幾周。種種因素使得這位西班牙艦隊司令遲遲不發援兵。

不管怎樣，德拉瓦萊特都得強調救援的重要性，在回信中他指出援軍的數量不要多於一萬五千人，「這樣才比較容易在馬爾他西北部的海灣姆賈爾或艾因圖菲哈（Ghajn Tuffieha）登陸」。現在，他在馬爾他實施的策略是，每晚派出最多兩百名生力軍支援聖艾爾摩堡，讓資源得到最好的利用。然而，這種資源的利用是建立在消耗比爾古和森格萊阿的資源基礎上的。如果聖艾爾摩堡陷落，那麼它們就幾乎沒有抵抗力了，而且這種做法已經難以為繼了。他祈求德托萊多現在就能支援五百名士兵，可以透過拉斐爾．薩爾瓦戈和德米蘭達的船隻輸送過來。

團長回信的那一天是六月四日，倘若西班牙艦隊司令在信中所言可信，騎士團只要再堅守十四天就可以獲得增援了。不過，他心中也十分清楚，將所有希望放在等待援軍上是不明智的。此刻讓團長略感欣慰的是，德米蘭達盡自己最大的努力，給騎士團提供了一百多名士兵，用以支援聖艾爾摩堡，這座極有可能在劫難逃的城堡因此獲得了一個喘息之機。土耳其人的大炮依舊夜以繼日地轟擊著，按照他們的說法，要將城堡化成齏粉，大批石塊從城堡上崩落下來，順著東側陡峭的岩壁滑下，撞入大港灣中。而最讓人覺得殘忍的是，土耳其工兵想盡辦法將三角堡和聖艾爾摩堡之間的壕溝填滿，甚至連屍體也被用作填充物。

在土耳其人瘋狂的進攻中，聖艾爾摩堡岌岌可危。負責守衛城堡的軍官們經過一場會議表決後，派出貢卡萊斯．德梅德蘭（Goncales de Medran）面見騎士團團長德拉瓦萊特。他們的意思是放棄這座城堡，並炸掉它，暫時延緩土耳其人的猛烈攻勢，然後將這裡的守軍整合到另外的主要據點裡。團長的回覆很堅決也很悲壯，絕不能放棄聖艾爾摩堡，哪怕戰鬥到沒有一個活人。同時，他還告訴德梅德蘭，援軍將於六月二十日來到。

德梅德蘭悲壯的表情下沒有任何言語，他知道團長的這個決定就是告訴騎士們要為騎士的信仰獻身了——現在才六月七日，離援軍到來的時間簡直太漫長了。他對守軍能否支撐到援軍到來的那一刻不抱任何希望。

在德梅德蘭離開的時候，團長盡最大的努力，再次增派了六十五名士兵（十五名騎士志願者和五十名姆迪納守軍中的士兵），他們隨同德梅德蘭一起在夜色中穿過大港灣黯淡無光的水面，來到了聖艾爾摩堡。

毋庸置疑，聖艾爾摩堡最終陷入了孤軍作戰的境地，土耳其工程師和工兵部隊已經按照圖爾古特的建議，將這座城堡與外面的聯繫全部掐斷了。一場慘烈的孤城之戰即將開始。

六月二十一日，星期四，援軍並沒有如約到來。當天還是基督聖體聖血節。在這最黑暗的時刻，聖艾爾摩堡的全體騎士將自己的武器放在一邊，他們身穿黑色長袍，上面縫有八角十字架。

根據騎士團的記錄：「大團長和所有能夠出席的騎士，與世俗和神職要員一道護送著聖體走過街道，兩邊站滿虔誠的人。路線的選擇經過精心考慮，避開了土耳其人的炮火。當遊行隊伍返回聖勞倫斯教堂後，所有人屈膝下跪，並祈求仁慈的主不要讓他們在聖艾爾摩堡的兄弟們全然消逝於異教徒無情的刀劍下。」

然而，就在六月二十一日前幾日，聖艾爾摩堡內發生了激烈爭執，他們再次請求能撤離城堡。布拉德福德在《大圍攻：馬爾他 1565》中記載了事件的來龍去脈和此後的影響，一名叫維特利諾．維特萊奇的義大利騎士於六月八日送到騎士團團長手中的信較為全面地記錄了堡內騎士的心理狀態：「當土耳其人在此登陸的時候，閣下命令我們所有騎士在此集合並保衛城堡。我們以最赤誠之心去執行命令，而到現在我們已做了所有我們能做的。閣下您也對此知情，且我們從未因疲勞或身處險境而有過絲毫懈怠。但是現在，敵人已將我們削弱到既不能對他們造成損傷，又不能守衛好我們自己的狀態（因為他們已經占領了三角堡和護城壕溝）。他們還架好了直達我們堡壘的橋，並將地道挖到了城牆下，隨時都能將我們炸上天。他們還擴建了三角堡，以至於我們任何在自己崗位值勤的人都逃不了被殺的命運。我們無法安排哨兵監視敵軍，因為哨兵被狙擊手射殺是分分鐘的事。我們的困境還在於無法利用城堡中央的空地，已經有好幾個人死在那裡。我們除了禮拜堂之外再無其他掩蔽之處。我們的隊伍士氣低落，長官也無法使士兵們再登上城頭堅守崗位。由於確信城堡終將陷落，士兵們現在準備透過游泳逃生。既然我們再也無法繼續有效地履行騎士團成員的義務，我們決定——如果閣下您今晚不派船來接我們撤退的話——向外突圍並按照騎士應當做的那樣戰鬥至死。不要再增派援軍了，因為來了也與死人無異。這是我們所有人最堅定的決議，閣下您在信的下方可以看到我們的簽名。我們還要通知您土耳其人的小船已經蠢蠢欲動了。我們透過此信表明我們的心意，並親吻您的手，這封信我們也留了複件。」

團長的回覆是這樣的：「一個士兵的職責是服從上級命令。你回去告訴你的同胞們，他們必須堅守在自己的崗位上。他們要留在那裡，不得突圍……」。

回信的內容中有一點特別重要，「不得突圍」。然而，堡內有騎士違背了命令，甚至還有叛逃者。不過，他們都將為此付出慘重代價，土耳其人絕不會放下他們手中的利劍，以示仁慈。直到騎士們明白團長再次給他們寫的那封信的用意，他們決定與城堡共存亡了。「一支志願軍在騎士康斯坦丁諾．卡斯瑞奧塔的指揮下已經組建完畢。你們離開聖艾爾摩堡前往比爾古的安全之地的請求已被批准。今晚，援軍登陸以後，你們可以乘他們的船回來。回來吧，我的兄弟們，回到修道院和比爾古，在那裡你們會更安全。對於我來說，當我得知這個城堡——馬爾他全島的安全都極大地依賴於斯——將由我可以毫無保留地信任的人守衛時，我更加放心。」

這封信可以說極大地觸痛了堡內騎士們的心，他們發現自己已經被團長剝奪了騎士的榮譽，不再受到他的信任。這種屈辱感和求生欲望夾雜在一起，最終徹底激發了他們心中的怒火。於是，一名叫托尼．巴雅達的馬爾他騎士竟然自告奮勇帶著一封信，隻身一人前往比爾古，要求團長不要來解救他們。他們寧願戰死在聖艾爾摩堡，也不要失去騎士的至上榮耀。

團長的目的達到了，他立刻取消了下達給康斯坦丁諾．卡斯瑞奧塔的命令，並派了十五名騎士和不到一百名士兵前往增援。而讓團長沒有想到的是，被他瞧不起的堡內騎士，竟然繼續支撐了那麼多天，並給予土耳其人最慘烈的回擊，他們悲壯的戰鬥過程似乎再多的語言也無法描述。這段歷史也因史料缺乏，或者是根本沒有時間來記載而留下了一片空白。

不過，關於為什麼堡內的騎士能夠支撐盡可能長的時間，並給予土耳其人最大的回擊，我們依然會尋找到一些蛛絲馬跡。根據民間的流傳，以及從馬爾他歌曲中發現的祕密，我們發現守衛馬爾他的不僅僅有來自歐洲最高貴的騎士，還有來自馬爾他本地的騎士。雖然上述那名叫托尼·巴雅達的馬爾他騎士的存在存疑，但是他可作為馬爾他英雄騎士們的代表。根據民間流傳，馬爾他的主要防禦仰仗的是「五六千名適齡服役的馬爾他人」，而他們極有可能是腓尼基人的後代。他們就像自己的祖先在迦太基圍城戰中所做的那樣，證明了自己可以忍受所有令人難以置信的艱難困苦，因為再也沒有比攻堅戰更加殘酷血腥的戰爭了。土耳其人愈加感受到，想要儘快拿下馬爾他，將是一件多麼困難的事。

也許，馬爾他是永遠都無法征服的。

03
永遠無法征服

德拉古特已經想盡了一切辦法來重創騎士團。

六月十八日，在他做出最後一個建議——動用所有的力量切斷聖艾爾摩堡的對外通道，讓它成為一座死城後，他自己的生命走到了盡頭。

他的死，一個最主要的原因是他不屑於在基督徒的炮火下尋找掩體。那天，他正與穆斯塔法一起巡視新炮臺和護牆的建設工作，突然一發炮彈落在他身邊。炮彈爆炸後，被擊碎的岩石塊擊中了他的右耳上方，他當即倒地，鮮血流了一地。後來一個土耳其逃兵將德拉古特陣亡（重傷後拖了幾天才死亡）的消息告訴了騎士團。更讓穆斯塔法鬱悶的是，另一名高級軍官阿迦也被炮彈擊中陣亡（聖艾爾摩堡的指揮官安東尼·格魯諾指揮一門炮擊中了禁衛軍的軍需總監阿迦，他的軍階僅次於穆斯塔法本人），穆斯塔法試圖封鎖高級軍官陣亡的消息，但顯然也是徒勞的。

六月十九日，守軍依然頑強地作戰，間諜告訴蘇丹五月就能拿下這座城堡，但實際上城堡已經堅守到了第二個月。

當天夜晚，土耳其人完成了最嚴密的封鎖，團長再也不能輸送援軍進來了。

經過最後的慘烈作戰，聖艾爾摩堡於六月二十三日陷落。它在被徹底切斷所有外部援助後仍堅持了三天之久。聖艾爾摩堡保衛戰一共進行了三十一天，騎士們在勢單力薄的條件下創造了奇蹟。

穆斯塔法終於拿下了這座堅固的城堡，但他付出的代價是慘重的。為了報復，他將俘虜全部處決[27]，除了五名騎士[28]，還有少量馬爾他民兵遊過大港灣得以倖存。關於土耳其人的陣亡人數一直沒有明確說法，根據多方記載進行估算，應該在八千人左右，而騎士團陣亡了一千五百人。

土耳其人的下一個進攻目標是森格萊阿，在這之前，騎士團迎來了一小隊援軍。這支援軍在聖艾爾摩堡陷落的那一天到達戈佐島北部海域，一共四艘船，他們從墨

27 手段極其殘忍，像勒馬斯、德瓜拉斯這兩名騎士，頭顱被砍下掛在大港灣的木樁上，一些騎士的心臟被活活挖出，屍體被扔進海水裡。騎士團也給予了回應，當土耳其人正在慶祝的時候，一顆「炮彈」落在他們中間，這顆「炮彈」很特別，是土耳其俘虜的頭顱。

28 說法不一，一種說法是德拉古特手下的一些海盜將九名騎士作為人質，以便日後獲得贖金。但似乎沒有一個人被贖回，他們極有可能淪為奴隸，也有可能因傷得不到有效治療而死亡。另一種說法是有五人成功逃脫，他們從聖艾爾摩堡所在的岩石峭壁上跳入大海，最後遊過大港灣。

西拿出發，船上有四十二名騎士、二十五名志願者、五十六名經驗豐富的炮手和六百名西班牙步兵。

唐加西亞·德托萊多沒有食言，他從西西里和義大利南部徵募到了一些士兵。負責指揮這支援軍的是騎士梅爾基奧爾·德羅夫萊斯（Melchior de Robles），他執行的命令是，如果聖艾爾摩堡陷落就不能登陸，應立刻返回西西里。不過，幸運的是，這支援軍得到聖艾爾摩堡陷落的消息已經晚了，因此他們在戈佐島西北部下了錨。隨後，這支援軍沿著島的西側前進，最後來到了大港灣水域附近。六月二十九日深夜，當時吹著西洛可風（地中海地區的一種風，受來自撒哈拉沙漠的東北信風的影響），這種溫暖的南風在六月很少見，但它偏偏出現了——對這支援軍來說，是非常幸運的。當西洛可風從非洲大陸跨海而來的時候，經常伴隨著厚重的海霧，整個馬爾他島就被厚厚的海霧籠罩。援軍就這樣不損一兵一卒，順利在比爾古上岸，直到第二天早上，土耳其人才明白發生了什麼，但悔之晚矣。

騎士團迎來這支援軍，可謂是「天降之喜」。而穆斯塔法加緊備戰，幾天時間裡，新增的八十艘艦船出現在大港灣，這讓騎士團感受到更猛烈的進攻即將到來。

由於騎士團在聖安傑洛堡布置了重炮防禦，加之有鐵索的防護，土耳其人的艦船無法進入比爾古和森格萊阿之間的水域。但是，土耳其人的艦隊可以從南面進攻森格萊阿。這表明，穆斯塔法將第一輪進攻鎖定在南面。

七月初，進攻開始。

§

在七月初的進攻之前有一段小插曲值得一說。

一名叫扎諾格拉的騎士正在森格萊阿的瞭望塔執勤，他突然發現希貝拉斯山腳下的海灘上有動靜。警惕的他立刻向德拉瓦萊特報告，團長立刻下令派出一艘小船前去查看。原來，海灘上有一名土耳其逃兵。此人身分不低，他來自拉斯卡里斯（為方便敘述，下文就稱他為拉斯卡里斯）這個古老且高貴的希臘家族，前後有三位拜占庭皇帝出自這個家族。他說他看到騎士們浴血奮戰，引起了他內心的掙扎，他痛恨自己已經與蠻族為伍，這些蠻族殺害了自己家族中的大部分親王，滅亡了自己的國家。君士坦丁堡淪陷後，他被土耳其人流放到邊荒之地生活。這次大圍攻，是蘇丹強迫他加入到戰爭之中的，他願意為守衛馬爾他盡自己的一份力量。

根據阿爾比的記錄，一共有三位騎士前往海灘，分別為錫拉庫薩人齊亞諾、普羅旺斯人皮龍、馬爾他人朱利奧。當四人準備離開的時候，土耳其人發現了他們，拉斯卡里斯知道被土耳其人抓回去是什麼下場。三位騎士帶著他開啟了逃命之旅，直到森格萊阿的守軍前來營救。見到德拉瓦萊特後，拉斯卡里斯將自己知道的一切告訴了團長：穆斯塔法會集中海上力量從海陸兩側對森格萊阿進行攻擊，而該海岬的南面將是被重點攻擊的方位，當土耳其陸軍主力進攻聖米迦勒堡的時候，艦船會在森格萊阿的各個登陸點拋錨，也就是說，有大量船隻將從登陸點到海汊形成一道攻擊鏈。

破解穆斯塔法進攻的策略很快就得以執行——德拉瓦萊特下達命令，在沿海建立起一道柵欄，柵欄的堅韌度和厚度足以阻擋土耳其人的艦船靠岸。騎士們利用了九個夜晚的時間完成了任務——白天土耳其人的炮兵和火繩槍槍手在柯拉迪諾高地（占據此處可以俯視森格萊阿）嚴陣以待。這道柵欄沿著森格萊阿一路延伸到堡壘的末端，由指向大海的木樁組成。木樁上安裝了鐵環，一根鐵鍊從中穿過。有些區域因為水太深而無法下樁，騎士們就用長帆桁和桅杆釘在一起。為了更加全面地阻止土耳其人的船隻靠岸，德拉瓦萊特還下令在卡爾卡拉海汊建立起類似的柵欄，因為土耳其人的艦隊可以從大港灣的入口處攻擊比爾古的北面城牆。這道防護柵欄沿著比爾古守軍中的卡斯提亞、德意志和英格蘭語區設立。不得不說，德拉瓦萊特對整個戰事的防禦工作做得非常到位，顯示了他卓越的軍事才能。

七月初，土耳其人的大規模進攻開始。大約有六十到七十門大炮分別從希貝拉斯山、蓋洛斯角、薩爾瓦多（Salvador）山和柯拉迪諾高地發起了猛烈炮擊。這些方位的大炮能對聖安傑洛堡、聖米迦勒堡、比爾古和森格萊阿的村落形成交叉火力。最密集的炮彈落在了聖米迦勒堡和森格萊阿，看來拉斯卡里斯沒有說謊。當穆斯塔法命令艦隊突入大港灣的時候，他發現了敵方的防護柵欄。於是，他下令在進攻開始前一定要摧毀這些木樁。

布拉德福德在著作中寫道：「一些水性好的土耳其人被專門挑選出來，在柯拉迪諾山下的海岸邊下水，那道柵欄就是他們的目標……森格萊阿的指揮官德蒙在得知這一消息後，立即召集志願者去驅逐土耳其人……他們翻過城牆，衝下水邊的礁石，赤條條地躍入海中向柵欄游去。在清晨明亮的陽光下，平靜的水裡上演了圍城以來最為奇特的一場戰鬥。馬爾他人口銜小刀短劍遊了過去，土耳其人則揮舞著他們用來砍斷木柱的武器迎擊。雙方圍繞著工事的鐵索和木樁纏鬥，或是周旋於深水之中，或是立於柵欄之上，展開近距離的肉搏……血染水面後，土耳其人溜之大吉，而勝利者則開始修復受損的工事。第二天早上，穆斯塔法派出更多的部隊乘船前來，並將船上的纜繩固定在這些木樁和槍桿上。這項工作完成後，纜繩的另一端被帶回並固定到柯拉迪諾海岸邊的絞盤上。成群的奴隸開始用盡全身力量轉動絞盤。當纜繩從水面升起時，大片大片的防禦工事也漸漸被連根拔起。馬爾他士兵再一次衝出森格萊阿游向柵欄，到達防禦工事後他們抓住鎖鏈，跨坐在上面並開始割斷土耳其人的繩索。第二次摧毀柵欄的嘗試同第一次一樣被挫敗。」

考慮到戰事緊迫，穆斯塔法決心不再拖延，以信仰的無窮力量激發士兵發動海上攻擊。三艘船載著伊瑪目進行聖戰禱告（「伊瑪目」原是阿拉伯語中的「領袖」。穆斯林祈禱時，需由伊瑪目主持並引導，所有參加者必須按伊瑪目的要求完成祈禱儀式），他們穿著深色的長袍，向真主虔誠地禱告著。後面則跟著大群的穆斯林首領、土耳其人和阿爾及利亞人，這些人衣著高貴的絲綢，上面裝飾著金銀珠寶，精美的頭巾上鑲嵌著寶石，他們手上握著亞歷山大和大馬士革造的彎刀，而佩戴的非斯（Fez，產地）制火槍更是引人注目。

禱告完成後，第一波艦隊毫無畏懼地快速駛向柵欄，目的是要衝垮木樁和鐵鍊。但是，騎士團設置的這道防禦工事實在太堅固了，滿載士兵的艦船被掛在防禦工事上寸步難行。這時候，森格萊阿的騎士們利用火槍的射程和殺傷力優勢，對艦船上的敵人進行密集射擊。土耳其人死傷較多，在聖戰力量的驅使下，許多土耳其人跳入水中向海岸遊去，他們一隻手持以利器試圖砍斷木樁，另一隻手高舉過頭的盾牌，以防護子彈和燃燒彈的攻擊。這時，安裝在城堡的兩門臼炮本應開火阻止水中的土耳其人前進，卻因為炮手受傷未能射擊。即便如此，還是有不少土耳其人被火槍所傷或死亡。不過，水中活著的土耳其人完全置同伴的屍體於不顧，拼死衝向海岸並準備攀登城牆。

就這樣，有不少土耳其人登上灘頭，他們不等城牆出現缺口就拼死向前衝，目的是要向穆斯塔法證明他們有多麼英勇。這時，帶領援軍的德羅夫萊斯到達了比爾古，他命令部隊火速前往被土耳其人突破的灘頭地段，而城堡的火炮在猛烈轟擊，土耳其人死傷慘重，許多人被炸得血肉橫飛。但土耳其人依然不懼死亡，一部分人登上了胸牆與騎士們展開搏鬥，一些騎士不幸掉入牆下的壕溝裡，死狀極為恐怖。

與此同時，土耳其人在海面上的進攻取得了一些進展。森格萊阿海基城牆一側的彈藥庫因炮彈引發的火星掉入其中而發生爆炸，守軍不得不退回到安全地帶，一段城牆也因爆炸倒塌滑落到水中。土耳其指揮官埃德利薩趕緊抓住這難得的機會，命令部隊快速衝向缺口。負責防禦該地段的騎士指揮官扎諾格拉立刻組織騎士進行反衝鋒，他身先士卒，率領騎士與土耳其人展開殊死搏鬥。不幸的是，他被土耳其人的火槍射殺，他的陣亡引起騎士們的恐慌。在這危急關頭，團長德拉瓦萊特的先見之明起效了——在兩個海岬之間連接的浮橋會起到快速迎來援軍的作用。失去指揮官的騎士們看到援軍前來，立刻不慌亂了，與敵人繼續展開殊死搏鬥。

海面上，城牆下，炮火不斷，廝殺聲不絕於耳。

這時，一直在柯拉迪諾山觀戰的穆斯塔法做出了一個重要的決定。原來，在這第一輪的攻擊中他還隱藏了十艘艦船，兵力大約有一千名，且全部為精銳的禁衛軍，這支隱藏的力量將在關鍵時刻發揮重要作用。現在，穆斯塔法認為時機到了——十艘載著禁衛軍的艦船在海邊嚴陣以待，只要得到進攻的信號就從森格萊阿北部的尖端登陸，封鎖海汊入口，因為騎士團封鎖海汊入口的鐵鍊還沒有延伸到那裡。

穆斯塔法下達了命令，這十艘船穿過大港灣。看著漸漸消失在海面的艦船，穆斯塔法似乎感到勝券在握。然而，他不知道的是，團長德拉瓦萊特在防禦設計中早就考慮到了此處潛在的威脅。一名叫舍瓦利耶·德吉拉爾（Chevalier de Guiral）的騎士「指揮著一個位於聖安傑洛堡下方與海面持平的擁有五門大炮的炮臺」，這個炮臺極為隱蔽，因此被土耳其人的炮手和工程師忽略。這個炮臺的設置就是為了阻止土耳其人的艦船闖入海灣，其炮位的布局非常有講究，可以全方位轟擊闖入者。當德吉拉爾看到闖入的船隻進入到射程時（炮臺距離森格萊阿北端不到兩百公尺，因此負責此處炮臺的騎士可以較為清晰地看到闖入者），他下令開火。對於突如其來的重炮轟擊，這十艘船猝不及防，只有一艘狼狽逃脫，其餘的全部被炸得粉碎。

如果不是騎士團團長的先見之明，這十艘艦船成功闖入海灣，其後果不堪想像。穆斯塔法沒有意識到這支力量的毀滅性後果，反而繼續指揮軍隊發動進攻。聖戰力量驅使下的土耳其士兵繼續拚死進攻，其中厲害無比的阿爾及利亞士兵由哈桑指揮，他們衝擊著聖米迦勒堡，在城牆與騎士團士兵展開肉搏。

戰鬥異常慘烈。布拉德福德在《大圍攻：馬爾他 1565》中寫道：「一名土耳其人看到騎士德奎納利正在屠殺自己的同胞，便向他衝去——只要能殺了他，犧牲自己也在所不惜——並近距離衝他的頭開了一槍。幾乎是同時，另一位騎士用劍把這個土耳其人刺了個透心涼，並把死屍拋在受害者旁邊……其間，馬爾他的居民（包括婦女和兒童）向攻擊者投擲石塊和燃燒彈，並向他們傾瀉大鍋大鍋的沸水。」

這場慘烈的進攻持續了五個多小時。正午的陽光火辣，讓敵我雙方更加殺紅了眼，哈桑瘋狂地命令士兵繼續進攻，直到死傷慘重再也無法發動進攻才停止。在這場殊死搏鬥中，騎士團陣亡兩百五十人，土耳其人損失近三千人。在陣亡的兩百五十位騎士中，發生了許多可歌可泣的壯舉，許多貴族倒在了血泊中：西西里總督的兒子弗雷德里克．德托萊多，這位年輕的騎士原本可以不用加入戰鬥，但他在援軍衝過浮橋增援森格萊阿的時候，悄悄地從騎士團團長身邊溜走，加入到援軍隊伍，幾番廝殺後，在森格萊阿的堡壘上不幸被土耳其人的炮彈擊中，年輕人就這樣死在了守衛馬爾他的戰場上；西蒙．德索薩，他是一名葡萄牙騎士，當他發現城牆出現缺口的時候，立刻進行修復，不幸的是，一發炮彈削去了他的腦袋……。

近三千人的損失讓哈桑猛然意識到，他面對的不是普通的敵人。之前，哈桑曾指揮過多次圍城戰，他在奧蘭和凱爾比港之戰中表現卓越。這一次，他感受到強烈的震撼——從未遇到過如此激烈的、不要命的抵抗，從未遇到過連居民也加入抵抗的不懼生死的作戰。當他看到一大片一大片的死屍，以及正在潰退的土耳其士兵，在收到穆斯塔法的撤退命令後，他無奈地透過淺灘跑回到船上。

穆斯塔法憤怒不已，他命令炮手發出最為猛烈的炮轟，轟擊鮮血染紅的城牆，以此發洩心中的憤怒。而森格萊阿的居民們則喊道：「絕不寬恕！記住聖艾爾摩！」這句口號是佳句，是對兇殘的敵人的最好回應。

§

七月的馬爾他氣溫高達攝氏三十二度。這對騎士們是一個嚴峻的考驗，因為他們身穿重甲，而土耳其人則好過一些，他們寬鬆的長袍可以快速散發熱量。馬爾他的可飲用儲水正遭受到威脅，騎士們儘量節約水源，因為除了飲用，還得用於滅火。

馬爾他的地理位置特殊，它位於突尼斯和摩洛哥海岸線的北側。六月的時候，這裡就已經酷熱了，現在是七月，正午的氣溫高達攝氏三十二度並不奇怪，而且還時常伴隨著高達百分之七十二的濕度，在這樣的環境下，金屬的導熱性會讓騎士們的盔甲燙得讓人不敢用手去觸摸。可以想像騎士們要忍受多強的酷熱，中暑現象時有發生，騎士們將這場守衛戰稱為死神降臨。

穆斯塔法針對森格萊阿發動的第一輪大規模攻擊失敗後，開始變得謹慎起來。他決定採取之前勝利的戰術，利用重炮不斷削弱城牆的防禦力量。另一名司令官皮雅利負責的是針對比爾古的作戰行動，為了保護比爾古的居民，騎士團團長德拉瓦萊特下令在各條街道修建起堅固的石牆工事。

八月二日，土耳其人發動了圍城以來最大規模的炮擊。在長達六個小時的戰鬥中，騎士團擊退了敵人五次瘋狂進攻，成功阻止了土耳其人試圖突破被炮擊炸開的缺口。夏日沉悶異常，炮火產生的硝煙籠罩在海灣上久久沒能散去。八月七日，經過五天狂轟濫炸後的騎士團防區已經一片狼藉，炮轟停止後，皮雅利的人馬衝過了卡斯提亞防區正前方的壕溝。因炮火的狂轟濫炸，這裡的壕溝被城牆的碎石填滿，團長德拉瓦萊特立即採取補救措施——沿著比爾古所有的陸基城牆建立一道長長的內牆。這樣一來，即便敵人突破主城牆，也只能落進陷阱，困在兩道城牆之間狹窄的空間裡，他們會因身後大批湧入的部隊無法轉身，這時候騎士們就可以隨意展開屠殺了。

土耳其人由此遭受到慘重傷亡，穆斯塔法抑制不住內心的狂怒，命令部隊不惜一切代價進行猛攻。由於力量對比懸殊，騎士團的情況糟糕透了。

在聖安傑洛堡內的深處，德拉瓦萊特正在與奧利弗．斯塔基爵士（團長的拉丁文祕書）商議，就在此前，團長收到了德托萊多的一封信。信上說在八月底之前會有一萬六千名援軍來到馬爾他。布拉德福德在著作中寫道，團長看完信後，只說了一句：「我們再也不能指望他的承諾，在今晚的議事會上我必須告訴他們援軍再也沒有希望了。我們只有自己才能拯救自己。」

醫院裡人滿為患，幾乎沒有人不掛彩。團長悲愴地說道：「我坦率地告訴你們，我的兄弟們，除了全能的主之外再也不要期望任何希望，他是唯一的幫助。他一直在照管我們，不會拋棄我們，也不會將我們送入敵人手中。我們都是上帝的僕人，而我很清楚地知道，如果我和所有指揮官戰死，你們將繼續為自由而戰，為我們團體的榮譽而戰，為我們的神聖教堂而戰。我們是士兵，而且我們本應在戰鬥中捐軀。如果不幸敵人獲勝，可以想見我們的下場不會比聖艾爾摩堡的弟兄好。不要有任何人心存幻想會受到戰場優待，或是能僅以身免。如果我們失敗的話會被全部殺掉。

在沙場戰死要比落到征服者的手裡生不如死好。」[29]

團長說完這番話後，再也沒有人提起援軍的事了，騎士們都報以必死之決心，給予敵人最嚴厲的打擊。從第一次登陸到現在，土耳其人已經有超過一萬人被殺，或是喪失戰鬥能力。穆斯塔法沒有對比爾古和森格萊阿繼續發動進攻，但並不表明他放棄了作戰，騎士們知道，更猛烈的進攻即將開始。

雖然馬爾他處於敵軍重圍之下，但團長有先見之明和卓越的領導能力，島內從來沒有出現過餓死人的情況。島上軍民同仇敵愾，就連婦女兒童都一起上陣，他們夜以繼日地為騎士們運送武器彈藥和食物補給。如果還有剩餘的力量，他們就不懼危險地跑上城頭對敵人砸石塊，傾瀉沸水。在布拉德福德的筆下，團長在給德托萊多的回信中這樣寫道：「這個島的防禦工事處於完全毀壞的狀態。我在敵人的多次進攻中損失了騎士的精英部分，在倖存的人中，大多數有傷在身或是臥病在床。請至少將騎士團目前滯留在墨西拿的兩艘加萊船，以及已抵達的從更遠的國度趕來幫助我們的騎士一併派到我這裡來。當整個團體面臨幾乎不可避免的損失時，保留其中

29 參閱厄恩利·布拉德福德的《大圍攻：馬爾他 1565》。

一部分是不合理的。」

穆斯塔法在想著下一個進攻目標，那就是由西班牙騎士防守的卡斯提亞棱堡區。八月的炎熱日子裡，穆斯塔法實施了挖掘地道的計畫，之前因聖艾爾摩堡堅硬的岩石阻擋而無法實施，現在土耳其人發現在比爾古護城壕溝的陸地一側可以挖出一條地道。這條通道將朝向卡斯提亞堡壘區的正下方，一旦抵達，穆斯塔法將進行地下爆破。

為了迷惑守軍，他決定對森格萊阿發起大規模圍攻，而在引爆地道中的炸藥之前，不對卡斯提亞地區發動進攻，目的是讓守軍誤以為土耳其人大規模進攻的區域只有森格萊阿。如果這個迷惑計畫得以實施，比爾古的守軍至少會出動一部分，他們將穿過浮橋去增援森格萊阿。這時候，穆斯塔法會下令引爆坑道中的炸藥，在守軍沒有緩過神或慌亂之際發動對卡斯蒂利亞的攻擊。這項計畫中，還需要借助攻城塔，為此穆斯塔法下令製造了巨型版的攻城塔——它主要用於攻城戰，攻城者透過它可以直接抵達城牆，然後爬上塔樓，放下吊橋，城門便打開了。

八月十八日，穆斯塔法已經完成了所有的準備。那天清晨，土耳其人發動了猛烈進攻，穆斯塔法對於勝利簡直望眼欲穿，然而，德拉瓦萊特識破了他的詭計，穆斯塔法的計畫失敗了。遺憾的是，團長沒有找到坑道炸藥的具體位置，穆斯塔法在失望中下令引爆。一聲巨響後，棱堡區的一大片主牆崩塌了，皮雅利的部隊隨即潮水般地湧上前來。

還是失守了！騎士們發出哀歎，他們必須撤離，到達現在還處於相對安全的聖安傑洛堡。這時，騎士團團長德拉瓦萊特做出了一個讓眾人驚呆的舉動，他不顧危險從身旁的士兵手中抓起一把長矛，叫上自己的隨從，衝向卡斯提亞的棱堡區。看到團長不顧生死地反衝鋒，在場的軍民頓覺熱血澎湃，忘記了無措和恐懼。他們一併衝向危險區，進攻中的土耳其人被這突如其來的力量震住了，前鋒部隊居然被擊退。德拉瓦萊特腿部不幸受傷，鮮血直流，但他堅持不退，他知道退縮的後果是什麼——軍民的士氣將大大減弱。「我不會後退，只要那些旗子仍在風中飄揚，我就不會後退。」大團長斬釘截鐵地說道。[30]

軍民們都被團長的視死如歸深深地感動，發誓就算流乾最後一滴血也絕不讓敵人前進一步。德拉瓦萊特表示感謝他們，直到整個棱堡區全部被收復，他才退回去包紮傷口。

30 參閱厄恩利．布拉德福德的《大圍攻：馬爾他 1565》。

戈佐島西海岸的杜埃伊拉灣（Dwejra Bay）是一個小海灣，灣口有座不規則形狀的小島，島上有一種黑色的外形像蘑菇的植物，這種植物具備止血的功效，在馬爾他保衛戰中，騎士團和島上的居民就是靠它治療傷口並止血的。如果沒有當地居民的告知，受傷騎士的存活幾率將大大降低。

八月十九日這一天，土耳其人發動了迄今為止最為猛烈的進攻。騎士們傷亡慘重，僅卡斯提亞地區的守衛戰中就死傷不少。團長的侄子亨利・德拉瓦萊特命喪於此，與他一起陣亡的還有騎士波拉斯特隆，當時他倆正一起試圖摧毀土耳其人的巨型攻城塔，在慘烈的廝殺中，兩人終因寡不敵眾被土耳其人砍倒。那一刻後，圍繞他倆的廝殺更加殘酷地展開，騎士團拼命要奪回兩位騎士的屍體及盔甲，土耳其人則一心想將他們戰死的長官的屍體拖回城內。由於兩名騎士的盔甲價值連城，在陽光的照射下格外耀眼，因此土耳其人的進攻焦點都在兩位死去的騎士身上，所有的土耳其人都向那裡開火，兩名騎士的屍體被打得千瘡百孔。當雙方都達成各自的心願後，戰鬥停止。團長在堡內看到自己侄子的屍體，目光在侄子的臉上停留了許久，他似乎什麼話也沒有說，空氣中彌漫著死亡和絕望的味道。

比爾古的情況和森格萊阿一樣糟糕。為了誘敵深入，騎士團團長親自上陣充當誘餌。攻城塔里的土耳其人集中精力對比爾古發動猛烈攻擊。

比爾古能守得住嗎？是否有一種祕密武器能夠拯救這座險象環生的島嶼？當土耳其人將全部精力集中在他們的進攻對象——比爾古時，他們沒有覺察到危險正在來臨。

突如其來的一聲巨響，土耳其人引以為傲的巨型攻城塔傾斜坍塌。

穆斯塔法對巨型攻城塔這件「地獄殺器」寄予了厚望。這件武器能將聖米迦勒堡炸出個缺口，也能將其他城堡炸出同樣的效果。發明巨型塔的是穆斯塔法手下的一名工程師，它「形如巨桶，抱箍著層層鐵圈，裝滿了火藥、鐵錬、釘子和所有種類的葡萄彈，一條長長的導火線貫穿其中……」。

土耳其人繼續發動猛烈的正面進攻，目的是掩護實施巨型塔戰術的土耳其士兵。這些士兵設法將巨型塔拖到「受了重創的城牆上，並讓其滾落到集結在遠處的騎士和士兵中間。然後，在預先安排好的信號下，土耳其人全部撤離並等待爆炸」。[31]驚天動地的時刻即將到來！一旦土耳其人的巨型塔成功爆炸，將帶給土耳其人最大的戰果。

31 參閱厄恩利・布拉德福德的《大圍攻：馬爾他 1565》。

緊急關頭，騎士團的祕密武器派上用場。突然間，一聲巨響後塵土飛揚——不是巨型塔發生爆炸的聲音，是巨型塔腳下出現一個狹窄的開口，黑洞洞的炮口從中探出來。土耳其一方的奴隸和工人還沒有來得及將攻城塔推到安全之處，大炮就開火了。

這不是普通的大炮。

騎士團裡的一個木匠向團長指出了巨型塔的致命弱點在其下端。因此，只要有一種武器能將巨型塔的下端擊碎或者截斷，那麼巨型塔的作用將不復存在，如果還能引爆裡面的葡萄彈，就能讓土耳其人自食其果。

於是，鏈彈作為祕密武器被投入使用。鏈彈由透過鐵鍊繫在一起的兩個大型球彈或半球彈組成，在海戰中鏈彈是一種制式武器，用於割斷敵人的桅杆和索具。隨著德拉瓦萊特的一聲令下，在脫膛而出的那一瞬間，鏈彈以拋物線的軌跡高速旋轉，就如同一把巨大的鐮刀。騎士和他們的炮手能非常迅速地裝填這種炮彈。

巨響後，巨型塔的主要支撐斷折。由於土耳其人已經點燃了導火索，偏偏那導火索太長，這就給延時爆炸提供了一些時間。片刻後，巨響再次爆發，炸彈造成的殺傷力可以用一場浩劫來形容。

騎士們頂住了這一天的進攻，巨型塔的失效以及自食其果的悲劇讓土耳其人的士氣遭受到巨大打擊。除了戰場上的巨大傷亡，缺乏飲用水的困擾一直沒有解決，而騎士團向水源投毒的效用也愈加明顯。

現在已經是八月的第三週了，馬爾他還沒有被土耳其人拿下，再過幾週，土耳其艦隊的封鎖和進攻優勢就將被減弱。因為，那時候的地中海將刮起西洛可風，這股熱風會干擾土耳其艦隊與非洲的海上運輸。如果到九月土耳其人還沒能拿下馬爾他，艦隊就只能撤退或者在島上過冬。經過深思熟慮，穆斯塔法決定讓艦隊和陸軍在島上過冬，他知道那時對敵我雙方來說補給都是一件令人頭疼的事，只要能堅持下去，就有勝利的希望。

這一次，皮雅利又幫了騎士團，他依然堅持艦隊安全比任何事都重要，他固執己見，堅決反對讓艦隊在馬爾他過冬。於是，長時間鬱積在兩大主帥之間的敵意爆發了。如果德拉古特還在，那麼這場主帥與主帥之間的爭鬥或許能避免。現在，一切都不可能了，馬爾他圍攻戰的戰局開始傾斜。

倘若騎士團苦等的援軍能在這時候到來，對馬爾他來說，就能勝券在握了。

§

馬爾他的軍民還在苦苦支撐，西西里關於援軍事宜仍然存在分歧。直到八月二十五日，德托萊多才啟錨駛向利諾薩島（Linosa）[32]，援軍由二十八艘運輸船和槳帆船組成，作戰人員接近一萬人。

看起來，這一次的援救行動不會擱淺了。

九月一日，穆斯塔法和皮雅利的軍隊對比爾古與森格萊阿發動了又一次大規模進攻。卡斯提亞和聖米迦勒堡已搖搖欲墜了，因此土耳其人沒有對其發動進攻。戰事進行到現在，土耳其人決心孤注一擲，以此彌補士氣、彈藥和食物的不足。

這一天的攻擊還是如之前一樣，沒有什麼進展。土耳其人哀歎道：「讓我們主宰馬爾他不是安拉的意願。」

德托萊多的艦隊在向西駛往利諾薩島海域途中遇上了一股強勁的西北狂風，海面上泛起驚濤駭浪。艦隊在這樣的險境裡俯仰前行，船槳被拍碎，索具被損壞，裝備也丟失不少。德托萊多下令，讓艦船想盡一切辦法駛向背風處。最後，艦隊重新在法維尼亞納島（Favignana）[33]集結。然而，這支艦隊已經損失了一部分船，且

32 佩拉傑群島的一個島，在西西里島與突尼斯之間的佩拉傑群島東北端，該島缺少淡水資源，以漁業為主，現屬義大利。

33 埃加迪群島中最大的一個島，與西西里島西海岸上的馬爾薩拉相對。

無法直接登陸利諾薩島。擱淺了一些時日後，到九月四日艦隊才重新做好起航準備。可見，德托萊多的艦隊是在經歷了諸多阻礙才在利諾薩島集結的。這一天（九月四日），德托萊多收到德拉瓦萊特的信件，信上說馬爾薩什洛克和馬薩姆塞特灣的兩處港口已被土耳其人占據，情況危急。如果援軍前來，建議登陸地點選在馬爾他島北部的姆賈爾和梅利哈（Mellieha）一帶的海灣，因為這兩處登陸點都有沙灘，且不受風浪的影響。

於是，艦隊一分為二，先鋒艦隊由西班牙人卡多納指揮，德托萊多則指揮主力艦隊。當艦隊行駛到中途的時候，又遭遇了海上惡劣的天氣。特別是卡多納的先鋒艦隊，被迫向北駛去，並在西西里南端的波扎洛（Pozzallo）漁村附近海域下錨。等海面平靜之後，艦隊再次南下，最後歷經風險克服了海上惡劣環境的阻撓，戈佐島出現在先鋒艦隊眼前。

令人奇怪的是，皮雅利的艦隊本應阻擊這支先鋒艦隊，土耳其人卻紋絲不動，有可能是遵循皮雅利艦隊安全第一的宗旨，也有可能是害怕海上惡劣的氣候，不敵基督徒的前鋒艦隊。總之，土耳其人全都離開戈佐島的巡邏崗位，回到馬薩姆塞特去了。

德托萊多的艦隊則緩緩行駛，似乎並不情願地進行這場援救行動。關於這種行為，歷史上一直有爭論。這裡依據一位叫韋爾托的神父編寫的騎士團歷史記載中的描述：「總督大人的行為再一次讓人懷疑他是否打算利用他（德拉瓦萊特）的建議——姆賈爾和梅利哈將會是登陸的好地點。他沒有進入戈佐島與馬爾他之間的海峽，而是在馬爾他的西海岸附近逡巡不前，並且讓從馬薩姆塞特灣駛出的土耳其護衛艦發現了他的身影。看起來他更願意碰上一些突發狀況以便有理由離開這個是非之地重返西西里港口，而不是試圖登陸馬爾他島。」[34]

從時間上來看，直到九月六日的晚上，德托萊多的艦隊才重新聚集在一起，這也難怪韋爾托以責備的口吻記述該段歷史了。當天晚上，這支艦隊悄然無聲地穿過戈佐島的海峽，一路順暢地來到了馬爾他東北部的梅利哈海灣。

九月七日的清晨，讓騎士團期待已久的援軍終於到來。土耳其人也獲悉了敵方援軍到來的消息，這讓本就士氣低迷的土耳其人更加神情沮喪。援軍的數量說法不一，根據各方面的記載，大致在八千（最少的估計）到一萬兩千人之間。當騎士團團長德拉瓦萊特得知援軍到來，他釋放了被囚禁在聖安傑洛堡地道裡的一名穆斯林奴隸，

34　參閱厄恩利・布拉德福德的《大圍攻：馬爾他 1565》。

目的是要利用他向穆斯塔法和皮雅利傳遞這樣的消息：一萬六千名基督徒戰士在西西里總督的率領下已經在島的北部登陸，因此，無論土耳其人怎麼圍城都是徒勞的。這一招果然奏效，尤其是穆斯塔法內心充滿了失望的情緒，他為整支艦隊的低效指揮感到憤怒與屈辱。他無能為力——皮雅利擁有地中海最為強大的艦隊，卻未產生相應的效用，如果皮雅利能阻止援軍登陸，戰局不會在這個關鍵時刻向騎士團傾斜。皮雅利的過度小心謹慎與妄自尊大只能是一種拖累，或者說他是貽誤戰機的罪魁禍首，是他讓土耳其人深受其害。當德托萊多的部隊全部登岸後，他立刻返航墨西拿，他打算將那裡的四千名援軍再輸送到馬爾他。這樣一來，土耳其人就更覺得要儘快撤離馬爾他了。

九月八日，土耳其人的艦隊開始撤離，馬爾他似乎開始解圍了，人們高興萬分。這一天還是聖母瑪利亞的誕生日，人們高唱《讚美頌》，呼吸著自由的空氣。

穆斯塔法忽然回過神來，發現自己上了騎士團的當，援軍數量根本就沒有那麼多。但現在已經為時晚矣，他又擔心蘇丹會懲罰自己，加之皮雅利更是急於讓艦隊撤退，思索再三的他最終做出了一個決定：命令部隊停止撤退。

兩名司令官再一次發生爭執，穆斯塔法嚴厲指出皮雅利的過失，認定皮雅利的艦隊沒有做到應該做的事。他要求已經登船的部隊立刻上岸，皮雅利卻不顧穆斯塔法的指責，率領艦隊航行了大約十一公里，來到聖保羅灣的海岸邊。

土耳其人想與騎士團決一死戰。

很快，騎士團的信使向團長德拉瓦萊特報告了土耳其人停止撤退、重新登岸的消息：穆斯塔法的部隊已經有九千人登岸。團長經過分析，認為穆斯塔法的作戰意圖是要向北推進，消滅掉援軍，然後與皮雅利的艦隊會合。對騎士團來說，必須趁著士氣高漲的時候一舉擊敗土耳其人。

這一策略無疑彰顯了德拉瓦萊特的英明。騎士們似乎是在西西里壓抑得太久，他們忘記了什麼叫作小心謹慎，他們想著「敵人就在那裡，遠處還冒著煙的廢墟就是我們兄弟殉教的地方」。於是不等團長下命令，他們就向已經上岸的土耳其人發起了衝鋒。

穆斯塔法被這突如其來的陣勢震住了，匆忙中下達了讓部隊再次登船的命令。士氣低迷的土耳其人根本無心戰鬥，他們以為登上船就遠離了馬爾他島這片致命的土地，因此土耳其士兵如潮水般湧過姆迪納和納沙爾（Naxxar）之間的山谷，向著海邊逃去。

阿爾及爾總督哈桑奉命掩護登船行動的最後階段，他將火槍隊布置在俯瞰海灣的小山頭上，密集的槍彈為軍隊撤退儘量多爭取了一些時間。

海面上的艦船也亂作一團，土耳其人死傷無數，騎士團用敵人的血染紅了自己的劍，他們決心一個活口都不留。如果皮雅利的艦隊能夠給予策應，戰局不會這麼不利。現在，除了儘早逃離戰場，或許沒有別的可以做了。此時，在狹窄的海灣入口布滿了密密麻麻的船隻，土耳其人特別擔心來自北方的威脅，如果此時從西西里方向殺出一支基督徒的艦隊，他們將遭受更為慘重的損失。

穆斯塔法哀歎敗局無可挽回，騎士團的大部隊追上了他的後衛，哈桑的火槍手已經盡了最大的努力，卻無法阻擋騎士們的攻勢。他們被無情地逐入海中，海灣周圍成為血腥的屠殺場，鮮血很快流入海中，海水變成鮮紅的一片。

戰鬥繼續進行，基本上是騎士屠殺土耳其人。九月八日晚上，圍城戰結束。最後一仗的作戰地點在聖保羅小海灣裡，那裡被屍體填滿，布拉德福德在《大圍攻：馬爾他 1565》中寫道：「兩三天後的海灣水裡仍然厚厚地疊著敵人屍體——大概有三千多具，那裡發出的惡臭使人無法靠近。」

九月十二日，土耳其的最後一艘帆船在馬爾他的海平面上消失。戰敗的消息不可避免地傳到了蘇丹那裡。這是四十年來，蘇萊曼一世第一次在地中海遭受到重大失敗。根據歷史學家馮．漢默在《鄂圖曼帝國史》中的說法，馬爾他大圍攻中，土耳其軍隊的數量為三萬一千人，最終回到伊斯坦堡的大約有一萬人。不過，實際的損失比這個要大。因為慘敗，穆斯塔法丟掉了官位，皮雅利則在第二年再次出海，發動了針對義大利海岸的襲擊。騎士團方面，有將近兩百五十名騎士喪生，活下來的要麼重傷，要麼終身殘疾。近萬名士兵和島上居民在馬爾他保衛戰中喪生。

數日之後，德托萊多返回西西里。騎士團團長德拉瓦萊特因其卓越的指揮，尤其是品字形的城堡禦敵戰略，讓土耳其人吃盡了苦頭。馬爾他保衛戰的勝利也讓他獲得了無限榮譽，「腓力二世授予他一組鑲嵌著珠寶的短劍和匕首，其刀把上嵌有珍珠和鑽石」，國王盛讚他是「卓越超群的瓦萊特」。一五六八年七月的一天，德拉瓦萊特在打獵後不幸中風，八月二十一日逝世，他的拉丁文祕書奧利弗·斯塔基爵士寫下了這樣的墓誌銘：「享有永恆榮耀的拉瓦萊特在此長眠。他曾是懲罰亞非異教徒之鞭，歐洲之盾，他以神聖的武器驅逐野蠻人，是第一位長眠於這座他親手造就且深受眾人喜愛的城市[35]的偉人。」[36]

35 為了紀念馬爾他保衛戰的勝利，騎士團在希貝拉斯山建立了新城，並以騎士團團長名字命名——瓦萊塔，而團長則葬於這座城市的聖約翰大教堂的地下室。除此之外，比爾古、森格萊阿也被重新命名為維托里奧薩（Vittoriosa）和伊斯拉（L-Isla），其寓意分為勝利之城和難攻之城。

36 參閱厄恩利·布拉德福德的《大圍攻：馬爾他 1565》。

對鄂圖曼帝國而言，馬爾他大圍攻的慘敗傷害了蘇丹的自尊。蘇萊曼一世說他將在未來進行復仇，他憤怒地喊道：「眾臣之中就沒有一個我能信任的！明年，我本人，蘇萊曼蘇丹，將親自率領一支遠征軍進攻這個該死的小島。島上的居民一個不留。」然而，這也只是豪言壯語，第二年，他以進攻馬爾他時機不成熟而選擇放棄。在皮雅利對義大利做了一次不痛不癢的進攻後，便沒有了下文。隨後，蘇萊曼一世轉而入侵匈牙利。當時，他已經七十二歲高齡，卻堅持親征，以此彰顯伊斯蘭力量是不可屈服的。

一五六六年九月五日，蘇萊曼一世在圍攻錫蓋特堡（Szigetvár）時帶著遺憾去世。不過，鄂圖曼帝國的擴張野心並未就此終止，他的繼承者將再掀海上風雲。

五年後的勒班陀海戰註定會更加慘烈。

Chapter IV

資本主義的殺戮

勒班陀神話

（西元 1571 年）

在那些不幸的國家，人民隨時有受上級官員暴力侵害的危險，於是，人民往往把它們財產的大部分藏匿起來。這樣一來，他們所時刻提防的災難一旦來臨，這些人就能隨時把財產轉移到安全的地方。——亞當·斯密《國富論》

01
殺戮場

鄂圖曼帝國海軍的艦隊在準備戰鬥時，可曾想到他們的結局是如此悲慘？

肯尼士·邁耶·塞頓（Kenneth Meyer Setton）在《教皇和黎凡特》（*The Papacy and the Levant, 1204—1571*）一書裡有著耐人尋味的描述：海面上，到處都能看見被擊毀的船隻上散落下來的人員、桁端、船槳、木桶、炮管和各種武器裝備，僅僅六艘三桅帆裝炮艦（Galleass）本來不應該造成如此巨大的毀滅，這是椿難以置信的事，因為迄今為止尚未有人嘗試把它們投入到海戰前線。[1]

按照鄂圖曼帝國的慣例，倘若蘇丹想鞏固自己的地位，就必須在對外戰爭中取得勝利。這可能是假像，我們不會忘記蘇萊曼一世的雄才偉略，即便已是七十二歲高齡，他依然

1 勒班陀海戰的資料以及這場戰爭的相關史料，可參閱威廉·希克林·普萊斯考特（William Hickling Prescott）所著的《西班牙國王腓力二世的統治史》（*History of the Reign of Philip the Second, King of Spain*）。

能夠馳騁在對匈牙利的戰場上。一五六六年九月五日，他在圍攻錫蓋特城堡的過程中因病逝世。繼位的是謝里姆二世（Selim II）[2]，歷史上說他很平庸，但縱觀鄂圖曼帝國的崛起，自十四世紀中期以來，這個在地中海東部的國家用了不到兩百年的時間迅速成長為一個強大的政治實體。況且，勒班陀海戰的失敗並未動搖鄂圖曼帝國的根基，甚至在一五七〇年威尼斯竟然單獨與其媾和，並割讓了賽普勒斯。如果說謝里姆二世很平庸，他又如何在勒班陀海戰半年後讓帝國海軍得以恢復元氣，重新控制了地中海，並且在一五七四年又從西班牙手上奪回了突尼斯？

也許就因為他是一個酒鬼——「酒鬼謝里姆」可不好聽，給人的印象也不太好。他的死因也很讓人瞠目結舌，據說是在澡堂濕滑的地板上滑倒，頭部受傷而亡。這與晉景公在準備吃飯前感到腹脹上廁所掉到糞坑中死亡一樣，彷彿都是讓人嗤之以鼻的。

謝里姆的父親蘇萊曼一世的綽號是「奢華者」，未必就不給人以「不中聽」的印象，他在四十六年（一五二〇—一五六六年）的統治生涯裡，完完全全地做到了

2　一五二四—一五七四年，鄂圖曼帝國的第十一任蘇丹，一五六六—一五七四年在位。他被稱為「酒鬼謝里姆」，此外，因其頭髮與鬍鬚皆為淡金色，也獲得「金髮謝里姆」的綽號。

個人榮譽與政治成就的結合，一場又一場的勝仗讓後人覺得其子嗣很難比得上他。這些勝仗也的確讓人折服：一五二二年，蘇萊曼一世將歷史上著名的三大騎士團（另外兩個騎士團分別是聖殿騎士團和條頓騎士團）之一的聖約翰騎士團趕出了羅德島。這是天主教的重要軍事力量，曾在十字軍與穆斯林之間的征伐中大放異彩，厲害自不必多說了。儘管他們獨自堅守了六個月，最終還是與鄂圖曼帝國簽訂了協定，撤出羅德島，返回歐洲。一五二六年，他在對匈牙利國王拉約什二世軍隊的戰爭中，狠狠地擊敗了對手，使得匈牙利在將近兩百年的時間裡一蹶不振，成為鄂圖曼帝國領土的一部分。

在這樣的光環下，謝里姆二世要想贏得世人的敬仰，除了四處征討，建功立業，或許沒有別的出路了。成為酒鬼是否因壓力所致，我們不敢輕易下定論，但他的確在繼位後三年左右的時間裡沒有取得過一個像樣的軍事勝利。他很清楚地記得，父親在臨死前一年試圖征服馬爾他時，被駐紮在馬爾他的聖約翰騎士團狠狠地擊敗了。

無論是從國家利益出發，還是個人情感所致，將目光鎖定在賽普勒斯都是一個不錯的選擇。從地理位置來看，這個島嶼距離土耳其海岸並不遙遠，大約七十海浬，既可進攻，也可退守。作為東地中海最大的島嶼，其地處熱帶而日照充足，平坦的地形，肥沃的土壤使得這裡物產豐富，糧食、棉花、葡萄酒和鹽都是這裡的主產。

威尼斯共和國擁有了它，自是獲得財富無數。

不過，作為宗主國的威尼斯卻並不善待島上的人民，幾乎所有希臘裔的賽普勒斯人都不幸淪為了農奴。殘酷的經濟掠奪和各種名目的苛捐雜稅讓他們寧願接受鄂圖曼帝國的統治，也不願意再被威尼斯人壓榨了。最無望的時候，他們甚至派人到伊斯坦堡向蘇丹請願，希望帝國出兵解放賽普勒斯島。加之當時的威尼斯共和國在軍事方面呈下坡路趨勢，他們對海上貿易更感興趣。[3]

在上述因素的綜合作用下，謝里姆二世做出了一個重要決定：要求威尼斯割讓賽普勒斯島，否則將發兵征討。其實，謝里姆二世的目標不只是要奪取賽普勒斯島，他希望借此戰順勢挺進西地中海，繼而控制整個地中海。這樣看來，他不是世人眼中的庸碌無為者，反而繼承了先輩們的擴張和進取之心。

威尼斯共和國的大使巴巴羅對鄂圖曼帝國的這一要求看得很透徹，割讓賽普勒斯不過是跳板而已，更可怕的陰謀在背後。很快他就派人回到本國，將這一消息轉達給了威尼斯元老院。

3　更為詳盡的內容可參閱派翠克・貝爾福（Patrick Balfour）的《鄂圖曼帝國六百年》。

威尼斯人震驚了！這個國家的權力和財富都來自貿易。一旦發生戰爭，海上帝國的影響力是否會走向崩潰的邊緣？

的確，威尼斯共和國權力的基礎不是靠領土的占有，而是靠從東方貿易中獲得的巨大利潤。我們或許很難理解這樣的國家：它領土分散，僅擁有達爾馬提亞（Dalmatia）狹長的海岸地帶、伯羅奔尼撒半島的一些據點、一小部分愛琴海島嶼、兩個較大的島——克里特和賽普勒斯島。就是這樣的地理分布，竟然構建了一個讓世人矚目的歐洲大國。

一四五三年，鄂圖曼帝國征服君士坦丁堡後，威尼斯商人倍感壓力，因為貿易航線被土耳其人控制了。為了讓東方貿易能順暢進行，他們盡可能地與土耳其人保持良好的關係。許多時候，他們採取的是政治上的讓步以及給予蘇丹不菲財富的方式以換來暫時的和平。

鑒於有這樣的「成功經驗」，這一次的危機，即一五七〇年的利益交鋒，不少威尼斯的政治家建議採用同樣的化解危機的方式——透過賄賂土耳其的權貴，讓他們像以往一樣可以同威尼斯共和國和平相處，必要時，甚至可以放棄賽普勒斯。

從經濟方面來看，這種主張可能是一種較好的解決途徑，戰爭會消耗大量的財富，如果威尼斯戰敗了，之前的貿易關係就會隨之崩潰。然而，有一個事實擺在他們面前：十六世紀的歐洲更注重國家的整體利益，經濟上的考慮未必就是排在首位的。特別是威尼斯政治家中的「鷹派」，他們提出了一個尖銳的問題：在未加任何反抗的情況下就割讓這個物華天寶的島嶼給鄂圖曼帝國，是不是意味著以後該國有任何要求，威尼斯都答應呢？

威尼斯更為重要的主張是從國民意識考慮——放棄抵抗，割讓賽普勒斯，這不符合高傲的共和國特性，那些想與威尼斯結盟的國家也將一一離去。比起經濟上的損耗，國家的威信實在是太重要了。因此，就算失敗，也不能淪為歐洲的笑柄。

那麼，就放手一戰吧！

威尼斯已無路可退了！

§

一旦要開戰，威尼斯共和國就需要做大量的戰前準備。就海上利器而言，必須要裝備一支可用於進攻和防守的艦隊。早在一五七〇年一月，威尼斯的元老們就決定建造一百艘全新的槳帆戰船，計畫在兩個月內完工。

這絕對不是信口開河，威尼斯擁有當時歐洲最大也是最先進的造船廠。在威尼斯東郊的基地內有著造船所需的一切，無論是人員配備，還是技術支持都是相當充足的。在這裡，有木匠、造槳匠、炮匠、絞車匠、織布匠、填縫匠……，他們緊張地工作著。

為了在戰爭期間有相對充足的艦船後備，威尼斯還擁有一百艘槳帆戰船的零件，一旦需要，可以在短時間內組裝完畢，並投入戰鬥。

幾個世紀以來，我們或許都會問一個問題：在地中海，為什麼槳帆戰船的形制長期占據了主導地位？以威尼斯的實力，完全可以建造出更為先進的戰船。

這個讓人費解的問題完全可與帆船早就完成穿越大西洋、甚至環遊世界的壯舉形成鮮明的對比。剖析這個問題絕不是多餘，它將成為威尼斯最終擊敗鄂圖曼帝國是多麼不易的有力證據之一。

從氣候和地理條件來分析是最好的解釋了。地中海擁有特殊的氣候和海洋地理條件，夏季多數時候都屬無風期，這使得以帆為動力的船隻航速遲緩。我們可以想像，在這樣的無風期裡一旦發生戰鬥，對於喪失機動能力的戰船會造成什麼樣的後果。考慮到這一點，直到十七世紀，地中海周邊所有的大國都採用槳帆戰船進行戰鬥，這就是說，只有以大量的槳手作為主要驅動力才是較好的方式。

這也意味著船隻的形式必須是長船。這種長船，一般長約四十公尺，寬約五公尺，在有利的風向下可拉開主桅上的拉丁帆（Latin sail），槳手的勞動強度也會降低許多。反之，無風的時候，就只能靠槳手們的出色「表演」了。

早期的歐洲，大都使用橫帆（Square sail），這是橫向安置的方形帆。直到六世紀，因受到印度洋、紅海和波斯灣地區阿拉伯人獨桅三角帆船的影響，地中海地區逐漸使用這種易操縱的三角帆來代替橫帆，即拉丁帆。

長船需配備大量的相關人員，可供活動的空間因此變得擁擠不堪，船員的補給成了最為嚴峻的問題之一。根據相關計算，在一艘兩百平方公尺基礎面積的長船上，需要配備三百人。他們生存所需的食物和水只能存儲在有限的空間裡，這導致船隻無法遠航，只能在相隔很短的時間裡靠岸。

威尼斯艦隊上的服役人員大多是志願者，所以關於艦隊生活的報導中，諷刺、挖苦船上生活艱苦的內容占據了頭條。鄂圖曼帝國則不一樣，他們使用的是基督徒奴隸，就算他們再抱怨這艱苦的生活，也只是抱怨而已。威尼斯這邊就尷尬了，特別是在這次危機中，他們發現志願者的人數越來越少了。總督宮裡的政治家們心慌了，如果不採取強制服役的辦法，恐怕戰鬥力就要消失殆盡了，最後，威尼斯共和國決定將苦役犯送上槳座。可是，就算招募或者強制弄到了緊缺的槳手，威尼斯艦隊還是長時間不能出海，能用於作戰的將士才是更為關鍵的。

問題十分棘手，在那個時代除了鄂圖曼帝國，許多國家是沒有常備軍的，也不存在普遍兵役制。因此，通常的解決辦法是組建雇傭軍團。所幸威尼斯人似乎從來不缺錢，能夠組建一支戰鬥力超強的雇傭軍團，畢竟在金錢的巨大誘惑下，來自不同地方的雇傭軍人總會趨之若鶩。從一五七〇年夏天開始，威尼斯、羅馬和西班牙三者之間的交涉變得更加頻繁。在交涉過程中，有一個問題是一旦成功組建了由基督教提供的神聖聯盟聯合艦隊，誰來擔任這支艦隊的總司令？這是關乎國家榮譽和排場的問題，並且，我們會因此感受到它在戰爭所需的經濟面前是多麼至高無上。

在幾經交涉都無法達成統一的情況下，最後只能各自做一些讓步了。一五七一年，三方決定在年內組建一支擁有五萬名士兵和兩百艘槳帆戰船的神聖聯盟艦隊，奧地利人唐胡安（Don Juan de Austria）[4]為總指揮，他是查理五世皇帝的私生子，腓力二世國王同父異母的兄弟。按照三方的想法，在唐胡安的指揮下這支艦隊應該能夠迅速向鄂圖曼帝國發動進攻，因為當時他們已經征服了除港口堡壘法馬古斯塔（Famagusta，又名阿莫霍斯托斯）以外的賽普勒斯全島。

4　一五四七—一五七八年，西班牙帝國全盛時期的將領，勒班陀海戰中的表現讓他聲名大噪，他在讓布盧之戰中同樣表現不俗。不知道為什麼，腓力二世沒給他多少讚譽。低調的唐胡安在勒班陀戰役僅僅兩個月後，就對自己的命運做了悲哀的描述：「我的時間花在了建造空中樓閣上。但最後，所有的樓閣，和我自己，都隨風消散。」

想法當然是很好的，現實的問題是西班牙雖然答應了提供八十艘槳帆戰船，但要履行諾言不是易事。畢竟，西班牙帝國不具備像威尼斯那樣完善的造船廠。這主要是帝國的組成有些複雜所致，幾個港口城市——墨西拿、那不勒斯和巴賽隆納的造船廠生產能力有限。無奈之下，國王腓力二世從熱那亞租了二十七艘槳帆戰船。至於教皇那邊，也是想盡辦法從托斯卡納大公科西莫那裡租借了十二艘槳帆戰船……，問題彷彿就這麼「輕易」地解決了。

讓威尼斯人棘手頭疼的問題並沒有結束。

一五七〇年年初駐紮在威尼斯的教皇使節發往羅馬的報告中，曾多次提到補給問題：「這裡的人們等待著備戰，但是由於缺乏麵包，出發還遙遙無期……人們找不到糧食……政府無計可施，如果他們得不到交易的糧食，不知道該怎樣維持艦隊。」[5]

到了六月，經過威尼斯的多方努力，終於與義大利就糧食的交易問題達成了一致，糧食問題得到了解決。隨後，在海軍上將吉羅拉莫．扎恩（Girolamo Zain）的統率下，艦隊在達爾馬提亞的港口扎拉（Zara，今克羅埃西亞拉達爾）集結完畢，等

5 詳情可參閱尼科洛．卡波尼（Niccolo Capponi）的《西方的勝利：勒班陀戰役中基督教與穆斯林的大衝突》（*Victory of the West: The Great Christian-Muslim Clash at the Battle of Lepanto*）。

待駐紮在克里特島的分艦隊來會合。

就在這重要的時刻，船上突然爆發了致命的傷寒。心急如焚的吉羅拉莫・扎恩只能眼睜睜地看著士兵在痛苦中死去，他絕望地向威尼斯元老院寫信，如果不儘快地補充兵員，這場戰爭必輸無疑。

直到一五七一年九月十六日，經過痛苦又糾結的努力，各艦隊終於在西西里島的墨西拿集合完畢，它們被稱作神聖同盟聯合艦隊。這時已經是秋季了，秋季風暴的來臨，加之盟友之間的相互不信任，威尼斯共和國能否扛得住來自強大的鄂圖曼帝國的威脅？

人們心中沒有答案。

§

從稍長的外延來看，勒班陀位於希臘西海岸外，處於鄂圖曼帝國控制的巴爾幹和基督教世界的西地中海之間。這是歐洲和周遭敵人發生海戰的「合適地點」，因此，稱它為「火藥桶」一點不為過。畢竟，不論東西方何時在地中海相遇，科林斯灣外的水域總與戰爭有著割不斷的聯繫。

這一點，我們可以輕易地舉出有力的證據，就像西元前三一年在亞克興和一五三八年普雷韋扎（Preveza）附近發生的兩場大海戰一樣，前者是以屋大維為首的西方文明與以安東尼為首的東方帝國的較量，後者是讓西班牙頭疼萬分的劫掠者，外號「紅髮埃里克」的著名大海盜海雷丁．巴巴羅薩（Hayreddin Barbarossa，一四七八—一五四六年）與海上霸主之間的角逐。

當鄂圖曼帝國成功征服了賽普勒斯後，鄂圖曼帝國的艦隊打算在位於科林斯灣西北海岸的內側小海灣裡過冬。等到春天來臨，艦隊司令阿里帕夏就會指揮著艦隊遠離伊斯坦堡，到其他地區進行劫掠。這是一位有野心的將軍，他希望像奪取賽普勒斯那樣，對歐洲人控制的海岸再次發動大規模進攻。

顯然，鄂圖曼帝國的野心已經引起了威尼斯、西班牙和教皇國的注意，它們由此組建了一個龐大的聯盟。這個聯盟看似強大，實際卻充滿了不安定的因素，這一點從神聖同盟聯合艦隊到一五七一年底才從西西里島的墨西拿出發得到強有力的證實。不久，這支艦隊橫渡了亞得里亞海。因為他們知道冬天的地中海氣候無常，一旦在這裡發生決戰，後果不堪設想。他們必須用盡全力在冬季到來之前尋找到鄂圖曼帝國的艦隊並展開較量。如果鄂圖曼帝國的艦隊突然穿越亞得里亞海，義大利沿海地區和威尼斯本土就會遭到肆意劫掠、綁架，甚至是殘忍的屠殺。

神聖同盟聯合艦隊煩惱了，最終在教皇庇護五世（Sanctus Pius PP. V）[6]，對時局的分析幫助下有了應對策略。庇護五世認為，如果神聖同盟聯合艦隊不果斷出擊，一旦鄂圖曼帝國的艦隊實施逐個擊破的戰略，西班牙、威尼斯等國都會被尚武的鄂圖曼帝國踐踏。因此，無論困難有多大，神聖同盟聯合艦隊都必須在這個秋天找到敵方艦隊的蹤跡，一鼓作氣全力打敗它。反之，讓一支艦隊長時間漫無目的地行駛在茫茫的大海上，士氣會受損，神聖同盟裡面的各國將在戰與和之間搖擺不定，這才是最可怕的。

一五七一年九月二十八日的夜晚，停泊在科孚島（該島隔著科孚海峽與阿爾巴尼亞相望，曾先後被羅馬帝國、東羅馬帝國、熱那亞共和國與威尼斯共和國管治。作為「威尼斯的門戶」，鄂圖曼土耳其曾多次侵略該島。因此，它被視為西方文明抵抗鄂圖曼的堡壘）的神聖同盟聯合艦隊終於得到了土耳其艦隊在科林斯灣西北部的消息。這個消息無疑是令人振奮的，同時也是讓人糾結的。神聖同盟聯合艦隊的海軍將領們意見不統一，他們彼此爭吵，就像薩拉米斯海戰一樣，希臘人中有許多人

6　原名安東尼奧・吉斯萊烏里，一五六六—一五七二年在位，一五七一年發動十字軍在勒班陀海戰中打敗土耳其，次年死去。

害怕被對手擊敗後的惡果。從人內心層面來講，神聖同盟聯合艦隊的許多海軍將領以及那些為了某些利益而踏上戰場的士兵，他們面對的是統一獨裁的亞洲人，高度的集權與權力象徵下的威懾讓人難免心生恐懼感。

首當其衝的恐懼就是鄂圖曼人的戰艦數量明顯多於他們，作為主力戰艦的槳帆戰艦數量就多了三十艘，其他輕型戰艦的數量對比相差更是懸殊。兵力配備方面，鄂圖曼帝國的海軍超出神聖同盟兩萬人之多，雖然神聖同盟可以透過戰術和航海技術的微弱優勢占據一定程度的先手，卻在數量的巨大差距下相形見絀。

這樣看來，威尼斯共和國就一定面臨的是失敗的結局嗎？非也，戰爭的勝負乃由「天時地利人和」的綜合因素決定。

十六世紀的地中海，尤其是威尼斯與熱那亞海軍可謂是將才輩出。像克里特島總督塞巴斯蒂安．韋涅爾（Sebastian Venier，一四九七—一五七二年），忠心耿耿，堅毅果斷，當時的人們把他比作一頭雄獅，成為威尼斯元首的熱門候選人物；墨西拿城的執政官彼得羅．朱斯蒂尼亞尼（Petrow Giustiniani）時任神聖同盟聯合艦隊的分艦隊隊長，這是一位來自希俄斯島（屬希臘希俄斯州的島嶼，位於愛琴海，距土耳其西岸僅八公里）的熱那亞人，雖然在勒班陀海戰中不幸被俘，但他身中五箭依然作戰的勇猛形象令人折服；海軍上將阿爾瓦羅・德巴桑（Alvaro de Bazán）[7]血氣方剛，被人們稱為「士兵之父」，是能力最強的海軍宿將……，此外還有教皇國分艦隊指揮官馬爾坎托尼奧・科隆納（Marcantonio Colonna）[8]和神聖同盟艦隊左翼司令阿戈斯蒂諾・巴爾巴里戈（Agostino Barbarigo）[9]等名將。

如果要用一句話來表達神聖同盟聯合艦隊的優越感，一定如馬爾坎托尼奧・科隆納在日記中所寫：精兵強將彙聚一堂，就看我們的表現了……。如果神聖同盟聯合艦隊上下能做到齊心協力，彼此間沒有間隙，至少會在勒班陀戰事開端前少去許多恐懼，或者說，當「精兵強將會聚一堂」真的可以做出很精彩的表現。

然而，正如前面所述，神聖同盟聯合艦隊的內部並不和諧。儘管教皇能用他的人格魅力和宗教名義將這支艦隊組合在一起，參與國之間也不一定意味著和睦相處。這裡面尤以義大利人和西班牙人最為突出——他們從那不勒斯到墨西拿，如仇人相

7 一五二六－一五八八年，第一代聖塔克魯斯侯爵，在勒班陀海戰中，他率領預備隊立下重要戰功。後來擔任西班牙無敵艦隊司令，一生戰果輝煌，曾多次大敗英法艦隊。
8 著名的科隆納家族成員之一，這個家族人才輩出，教皇、將領，軍事家和政治家都是家族榮耀的彰顯。
9 一四一九－一五〇一年，威尼斯總督，巴爾巴里戈家族成員之一，這個家族聲名鵲起，效忠於聖殿騎士團。

見一般，鬥毆不斷，傷亡之事時有發生。為此，指揮官不得不處死了多名始作俑者以正軍紀。

將領之間似乎誰也不服誰，嫉妒與偏見在腦中肆掠，特別是威尼斯人對熱那亞將領的痛恨讓人覺得不可思議，這大概是因為威尼斯人覺得他們多為海盜，就算成為將領，也脫不了海盜的習氣（熱那亞人十分熱衷於海上劫掠，他們把海盜船作為城市的象徵聳立在港口）。另外，不少海員因長期未領到薪餉，處於嘩變的邊緣。

今天的我們早已經知道勒班陀海戰的結局，當時的人們對結局卻不得而知。不過，英雄人物總會在這個時候出現，如果這一切都是上帝安排的話，唐胡安的艦隊在抵達埃托利亞海岸（Aetolia，位於科林斯灣正北）後，針對艦隊將領意見不統一的局面說了一番讓他們警醒的話：「紳士們，商討的時刻已然過去，戰鬥的時刻即將來臨。」[10]

為什麼唐胡安能解決神聖同盟聯合艦隊內部最為嚴重的問題？這主要得益於他的無私、執著、熱情，作為後起之秀的他，在戰場上的表現似乎從未讓人失望過。

10 依據維克托．漢森的《殺戮與文化：強權興起的決定性戰役》中的引述。

事實證明，唐胡安的確做到了——他讓這些精英團結在一起，同仇敵愾地發揮各自的作用。他阻止了鄂圖曼帝國繼續西進，尤其是經由西地中海沿岸城市進攻歐洲的意圖，也讓近乎絕望的南歐國家重獲希望。當時，他年僅二十六歲，處理棘手事務頗有一套。

據說，為了讓一群彼此不服的將領放下心中的怨氣，他竟然在他們的面前，在旗艦「王家」號的甲板上跳了一支吉格舞。這是一種活潑歡快的舞蹈，他憑藉這樣的熱情感染了一個又一個將領，讓他們握手言和。

威尼斯人向來以深具商業頭腦著稱，他們十分不願意與自己的交易夥伴鄂圖曼人開戰。他們更看重的是到手的經濟利益，除非他們遭受到毀滅的威脅，否則不會全心全意投入戰鬥。唐胡安義正詞嚴地告誡他們，鄂圖曼帝國的野心是非常可怕的，一時的和平背後是災難的爆發。

在神聖同盟的參與國中，西班牙帝國除了要與鄂圖曼帝國交鋒，還要隨時做好與義大利人、荷蘭人、英國人和法國人交鋒的準備。教皇國在地中海受到來自伊斯蘭教勢力的威脅並未引起貴族們的重視，因為教皇的注意力更加傾向於歐洲王朝繼承戰爭，那裡面的陰謀交鋒或許更能讓掌舵者們熱血澎湃。這時候，唯有唐胡安清醒，他知道如果成功遏制住伊斯蘭教的入侵意味著什麼。

這位頗具領導風範、在戰場上也表現非凡的將軍為了表明自己的卓越見識，在勒班陀戰役後捐出了屬於他個人的戰利品，用於撫恤戰爭中的傷患，他還捐出了墨西拿城送給他的三萬金杜卡特[11]，可惜最後他沒有得到腓力二世的全力支持——西班牙國王似乎對他總不放心，認為他會威脅到王位。一五七八年，唐胡安病死在尼德蘭。

無論如何，我們不能忽視掉唐胡安在勒班陀海戰中的重要作用。

當神聖同盟聯合艦隊接近勒班陀時，三百多艘各式各樣、大小不一的戰艦由威尼斯、西班牙、熱那亞以及其他國家提供。其中，槳帆戰船有兩百零八艘，三桅帆裝炮艦六艘，蓋倫戰艦二十六艘（有意思的是，這些戰艦竟然姍姍來遲，在戰鬥中也沒有發揮出什麼作用），小型戰艦七十六艘。這支艦隊的總兵力高達八萬多，包括了五萬多名槳手和三萬多名士兵。這是自十字軍東征以來最為龐大的兵力了。但是，這都不能與鄂圖曼帝國相比，帝國投入的艦隊總兵力接近十萬，包括了兩百三十艘主力艦，八十艘其他各類艦船。本以為勒班陀海戰將成為自亞克興海戰以來最大的划槳作戰，誰知這是划槳作戰走下海戰舞臺的日暮一戰。

11 也叫西昆幣，是義大利威尼斯鑄造的金幣，十二和十三世紀時在威尼斯共和國開始流通，因具備便於鑄造和攜帶的特點，在中世紀的歐洲很受歡迎。

決定戰爭勝負的因素中，兵革之利占了較大的比重。

威尼斯設計的槳帆船是地中海最好的，航行也最為穩定，就連鄂圖曼帝國的戰艦也是採用它為範本，西班牙的戰艦要比土耳其人建造的戰艦更為結實。唐胡安透過向威尼斯將領請教，對神聖同盟的槳帆戰船進行了改良，他們鋸掉了戰船的撞角，這意味著使用撞擊戰術的時代已經落幕。

他們發現：比起厲害的撞角，若在戰船上多安置一門火炮更具殺傷力。當然，主要的改良還在於撞角會影響到艄樓（船艄部的船樓，屬船舶上層建築）上火炮的射界，因撞角阻擋視線的弊端，導致炮手只能採取向高處射擊的形式來完成對敵作戰。若是不加以改良，在實戰中炮彈打到自己船艄的可能性還是很大的。去除撞角後，槳帆戰船的視野變得更加開闊，而安置火炮的活動空間也得到了提升，可以直接瞄準正在航行的敵艦。正是這樣的改良，使得神聖同盟的艦船在作戰中表現突出，彈道平直的火炮炸裂了敵方的舷側，反觀土耳其人的火炮雖然齊射攻擊，看似威力巨大，實則炮彈高高地、無傷害地飛過敵方戰艦的外側索具和桅杆。如此差的炮擊效果，首要原因就是撞角產生的副作用。

在火炮的數量和品質上，因威尼斯兵工廠的生產能力和西班牙工匠的專業技術可提供優質的保障，使得神聖同盟聯合艦隊擁有一八一五門火炮，而鄂圖曼帝國的艦隊只有七百五十門。在海戰後，威尼斯人發現他們繳獲的敵方火炮根本無法繼續使用——雖然這有誇張的成分，但透過現代冶金技術的分析，原材料的純度不高導致這些繳獲物只能被當作廢料使用，要麼用於船錨，要麼用於壓艙。再看神聖同盟聯合艦隊的火炮武器，其中還使用了小型迴旋炮，自然是高出一籌了。這種炮的靈活度很高，它們萬炮齊發，猛烈地轟擊著鄂圖曼帝國的戰艦，為登船的部隊掃清了障礙。而那些在甲板上的士兵則穿著重型胸甲，以儘量避免土耳其人兇狠弓箭的傷害。

另一種武器就是火繩槍。鄂圖曼帝國艦隊的指揮官們，尤其是海軍副司令佩爾塔烏帕夏敏銳地意識到士兵們可使用火繩槍——儘管它使用起來有笨拙感，但在近距離作戰中，在狹窄的空間裡，當射擊距離在三百到四百五十公尺之間時依然可以殺死敵人。歐洲人，特別是基督教徒雖討厭使用這樣笨拙的武器，但考慮到近距離作戰的實效性，還是使用了它。讓人佩服的是，這些士兵可安全地待在登船網[12]的後方，將火繩槍倚在甲板上對敵方的船員進行射擊。槳帆戰船可供自由活動的空間有限，密集的人群，再加上實際作戰中船隻的相互撞擊、糾纏，或者因海浪的衝擊，

12 神聖同盟聯合艦隊的祕密設計讓人叫絕，這是他們製造出的鋼制登船網，用於保護槳帆戰船和火繩槍士兵，按照唐胡安的說法，沒有一艘戰艦被土耳其人成功跳幫，可見這種保護網的強大作用。

艦船上的人員不得不面臨一片混亂的尷尬。因此，哪怕使用火繩槍的士兵槍法再不準，也能較為輕易地射中目標。

我們或許會提出這樣一個疑問：雙方使用的都是槳帆戰船，弊端是一樣的，難道土耳其人就沒有意識到嗎？事情的真相遠比我們臆想的更為殘酷，歐洲人使用的火繩槍與土耳其人使用的火繩槍相比，前者的射速是後者的三倍，且歐洲人擁有豐富的訓練經驗，他們的士兵更加懂得實際作戰的配合度。

鄂圖曼帝國雖然也擁有火繩槍，但他們認為社會地位較高的士兵才配擁有這樣的熱兵器。更何況，他們認為另一種武器——反曲複合弓對敵方的殺傷力才是最大的。是的，這一點毋庸置疑。那些被嚴格訓練出來的士兵能將這種武器的射程、準確度和射擊速率盡可能地發揮出來，可是訓練他們需要花費數年時間，而且在實際作戰中，一個士兵在連續射擊幾十發箭矢後就會疲憊不堪。

意識形態上，鄂圖曼帝國有著讓人驚異的一面：土耳其人並未像西方那樣密集使用火槍手的戰術，也沒有讓大群火槍手一致行動，而是依靠每個火槍手或是神射手作為單個戰士進行戰鬥，為了死後天堂的位置而戰。也就是說，即便土耳其人接受了歐式武器，他們也會從心裡認為採取集群步兵戰術會與穆斯林戰士的英雄信條和職業部隊的精英地位相抵觸。

在勒班陀，神聖同盟擁有更多、更重、射擊速率更高的火器，擁有更可靠的彈藥和更訓練有素的炮手，這些優勢都被唐胡安清晰地看到了，並且他想方設法地讓神聖同盟聯合艦隊的官兵第一次相信戰勝鄂圖曼帝國的優勢就在歐洲人這一邊。因為，規模化使用熱兵器形成的壓倒性優勢會成為這場戰爭中最重要的一點。

對土耳其人而言，難道就是註定的失敗嗎？或者說，謝里姆二世就像人們以為的那樣犯下了一個酒鬼醉酒後的錯誤？

數十年來，歐洲的海員都會有一個可怕的噩夢，他們的小群商船在地中海地區是難以逃脫土耳其人的劫掠的，不僅如此，就連他們的沿海村莊同樣難逃土耳其人突如其來的進攻和摧毀。因此，鄂圖曼帝國或者說謝里姆二世肯定堅信這個國家具備了強大的實力。單說戰艦，其在數量、航速和敏捷度方面也是可圈可點的。土耳其人之所以能夠在沿海水域肆無忌憚地進行侵襲，並在對敵艦隊的機動性上大占優勢，主要取決於其設計的槳帆船與一般槳帆船有很大不同：鄂圖曼帝國的戰艦主要用於護衛商船、參與兩棲作戰、支援攻城戰，不是用於擺好陣型同歐洲戰艦展開正面火炮對決的。

作為帝國艦隊的總司令官，米埃津扎德・阿里（Müezzinzade Ali，年代不詳—一五七一年）帕夏竟然忽略了上述優勢，選擇了與神聖同盟聯合艦隊進行正面炮火對決的形式作戰。我們不得而知為什麼司令官做出如此選擇，我們只知道在勒班陀海戰後不到二十年的時間裡，戰艦更新和火炮改良讓槳帆戰船的優勢幾乎蕩然無存。

以英國人建造不列顛的蓋倫戰艦為例，只需要兩三艘就能在地中海與鄂圖曼帝國的槳帆戰船展開對決。另外，槳帆戰船時代的終極之作——三桅帆裝炮艦也是神聖同盟聯合艦隊的祕密武器。我們同樣不知道土耳其人是否能有情報機構獲得這樣的祕密。三桅帆裝炮艦的設計可以追溯到希臘化時期（大約是西元前三二三年到西元前三〇年，也就是亞歷山大逝世到埃及托勒密一世開創的托勒密王朝時期，這一時期的地中海東部地區原有的文明因受希臘文明的影響而形成了新文明），那時候已經有這種戰艦的抽象概念了。這種「巨無霸」被威尼斯人建造出來，投入勒班陀海戰時有六艘，採用雙層甲板設計，上層甲板為露天甲板，可安放多門大炮，下層甲板是划槳手甲板。三根桅杆和三面三角帆以及艏樓的圓形封閉炮臺，讓這種戰艦在地中海表現不俗。

§

和波斯帝國的水手們命運一樣，雖然鄂圖曼帝國和神聖同盟都採用了俘虜和奴隸作為航行上的重要動力，但是鄂圖曼帝國的許多槳手幾乎沒有自由，他們稍有異動就會面臨死亡的威脅，唯一能做的就是低著頭划槳。

在十六世紀，威尼斯海軍的政策裡也存在較大分歧：到底要不要使用奴隸和俘虜作為槳手？其實，這是關乎民主程度有多大的問題，只不過因為鄂圖曼帝國的艦隊規模已經超過威尼斯太多了，於是為了盡可能地讓自己的艦隊規模能與之匹配，槳手遠遠不夠的弊端也愈加嚴重了。如果要使用奴隸和俘虜，那其數量將超過自由公民的數量。因此，可以這樣說，威尼斯共和國使用奴隸和俘虜做槳手是迫不得已的。也因為這個原因，他們的自由度是高於鄂圖曼帝國槳手的。那麼，我們就很好理解在勒班陀海戰中鄂圖曼帝國的艦隊發生奴隸暴動事件的根源了。

這個問題，值得我們深入探討。

在鄂圖曼帝國的艦隊中，許多戰士和槳手不是自由人，槳手們要被迫戴上鐐銬。更為嚴重的是，作為鄂圖曼帝國的禁衛軍，他們同樣不自由。這是一支戰鬥力超強的軍隊，其兵源主要來自巴爾幹半島（隨著帝國疆域的擴大，兵員也從喬治亞、克羅埃西亞、俄羅斯南部、烏克蘭、羅馬尼亞、塞爾維亞和保加利亞等地得到補充）被征服的基督徒裡挑選出來的優秀男孩，這樣的徵兵形式叫血賦，因其徵兵手段殘忍而得名。這些孩子要麼被直接搶走，要麼被綁架走，有時候甚至連貴族家的孩子也難以倖免。

在一部名為《勇敢的米哈伊》的羅馬尼亞影片裡對此就有精彩的呈現。被血賦「看上」的孩子將被改宗，即信仰伊斯蘭教，目的是讓他們對帝國的信仰更加狂熱，然後他們在穆斯林人家裡學習土耳其語言，接受伊斯蘭禮法教育，並在太監的監督下切除包皮，最後送入軍營進行各種嚴格而殘酷的軍事訓練，直至成為一個合格的禁衛軍士兵。由於禁衛軍士兵必須絕對服從長官的命令，不許留鬍子，不許結婚，不許從事商業活動，他們就是鄂圖曼帝國蘇丹的「私有財產」，是專屬於蘇丹的奴隸。即便他們當中有人榮升為將領或海員，也依然是不自由的，就連米埃津扎德·阿里帕夏也不自由。

與之形成鮮明對比的是基督教的神聖同盟將領們。像七十六歲的威尼斯律師塞巴斯蒂安·韋涅爾就是平民出身，他能做到與唐胡安分享指揮權的級別；負責指揮教皇國分艦隊的馬爾坎托尼奧雖然出身於義大利貴族、地主家庭，但他並非行伍出身……，這些看起來驕傲實則在生活中很隨性的人，不會因在勒班陀戰敗而被教皇、威尼斯總督或國王腓力二世一聲令下就被處決。米埃津扎德·阿里帕夏和他的指揮官們以及槳手、禁衛軍官兵都十分清楚地知道，如果這場戰役失敗，等待他們的結果將是什麼，因為蘇丹從來不缺足夠數量的人來承擔失敗的罪責。

或許我們會堅定地問：如果沒有了退路，鄂圖曼帝國的將士們是否會像項羽破釜沉舟那樣迎來一場讓後人稱讚的勝利？事實上，創造勒班陀海戰神話的是他們，也不是他們。畢竟，這場殺戮下的角逐絕非置之死地而後生那麼簡單，在其背後彰顯的是資本的角逐。勒班陀海戰絕對是開啟了一個新的戰爭時代。

不同信仰下的海上浴血終將在狹路相逢中大放異彩。

在歐洲人看來，軍事技術對社會的影響遠不如其作用來得重要，兵革之道的國民意識讓他們更加注重武器的改良和創新。

蘇丹們或者說鄂圖曼帝國的上層階級卻像關注印刷機一樣關注武器本身，他們認為武器不應成為社會和文化不穩定的源頭。他們更加相信在強權的壓力下一切該擁有的都會擁有。

這樣看來，即便鄂圖曼帝國在勒班陀海戰中遭受了巨大的損失，他們依然相信大維齊（相當於宰相）輕鬆的說法：這場戰敗「只是修剪了」鄂圖曼的鬍鬚而已。並且，蘇丹強硬地發出消息，帝國將處決伊斯坦堡所有的基督徒……。

無論如何，謝里姆二世已經沒有退路，他相信這個帝國可以打敗一切對手。

02
狹路相逢

歐洲人勝利了，他們忘乎所以地產生了將艦隊徑直開進金角灣的想法。

這是位於博斯普魯斯海峽南口西岸的優良天然港口，長約七公里，屬鄂圖曼帝國伊斯坦布爾港口的主要部分。同時，這個海灣又將伊斯坦堡的歐洲部分一分為二，特殊的地理位置讓它理所當然地成為重要的商業據點和帝國海軍的集中地。

如果歐洲人占據了這個地方，將會對土耳其人形成巨大的威脅。當然，歐洲人的想法還不止這些。他們覺得自己擁有光榮使命似的——解放伯羅奔尼撒、解放賽普勒斯，拯救羅德島上講希臘語的人群⋯⋯。

上述這些想法都是歐洲人在取得勒班陀海戰大勝後產生的。這場戰役讓超過一萬五千名基督徒奴隸獲得了自由，使得威尼斯本土免受土耳其人的入侵。鄂圖曼帝國的損失僅艦船就超過三百艘，三萬名帝國戰士命喪大海，其中有許多人是熟練的弓箭手，這樣的損失遠比兵革的損失要慘重，因為帝國無法在短時期內訓練出這樣的熟手。三十四名帝國海軍將領、一百二十名中層指揮官均已喪生，就連那些未當場喪命的土耳其人仍然被射死或刺死，只有三千四百五十八名土耳其人淪為戰俘。值得注意的是，這是一場規模高達十萬人的海上大戰，如此少的戰俘人數，不得不讓人震驚。帝國投入的精英部隊是多達六千人的禁衛軍，他們也幾乎蕩然無存了。

作為補充說明，我們可從威尼斯歷史學家詹彼得羅·孔塔里尼（Gianpietro Contarini）的觀點中得到更多的資訊：成千上萬的鄂圖曼傷患並沒有留下任何記錄，他們當中的許多人必定是受了可怕的槍傷。一百八十艘各類戰艦——大部分後來發現已經無法修復——被拖到了科孚島，幾十艘被衝到了科林斯灣正北的埃托利亞沿海，只有屈指可數的幾艘船返回了勒班陀。

這樣的損失對鄂圖曼帝國來講是巨大的。

帝國不能像歐洲人那樣擁有成批生產火繩槍的能力，也不具備快速徵兵組建一支新軍的能力，更不必說培養熟練的槳手了。考慮到歐洲製造的火器的價格多樣，凡是高價格、高品質的火炮都不能進口。約翰·法蘭西斯·吉爾馬丁（John Francis Guilmartin）在其著作《火藥與槳帆戰艦：變化的技術和十六世紀地中海的海上戰爭》（*Gunpowder and Galleys: Changing Technology and Mediterranean Warfare at*

Sea in the 16th Century）裡曾這樣解釋道：「輕兵器對海戰發展的主要影響，並不像我們認為的那樣是以增強火力的形式直接體現，而是以大量削減訓練需求的形式間接發生。在慘重的人員損失面前，依靠火繩槍的國家較之依靠反曲複合弓的國家擁有更大的恢復能力。讓西班牙的村民變成火繩槍手很容易，但讓安納托利亞農民變成反曲複合弓高手，則幾乎是不可能的。」

使用反曲複合弓的國家包括鄂圖曼帝國，提到的安納托利亞又叫小亞細亞或西亞美尼亞，大體上相當於今天土耳其的亞洲部分。當時的鄂圖曼帝國可能沒有意識到這場海戰損失背後的尷尬，土耳其人在短短的一年內就建造出一百五十艘戰艦，而那些用於造船的重要木材竟是沒有乾燥過的，船上裝備的火器也是粗製濫造。更為擔憂的是，新的海軍缺乏大量有經驗的海員、弓箭手和船長……。

我們不清楚歐洲人對鄂圖曼帝國在這場戰爭中的損失的描述有沒有誇大成分，但是，我們可以根據因這場西方式的勝利而產生的多種形式的紀念得到一些可供探討的線索。這裡面最重要的一條就是：我們看到在多種紀念形式中，罕有站在土耳其人的角度去看待這場戰爭的。基督教對決伊斯蘭教的勝利，讓基督徒們狂歡慶祝，許多慶典，許多紀念幣，許多文學作品，以飛快的速度四處傳播。

威尼斯、西班牙和羅馬的人們向身邊的人唱著讚美的頌歌，教會也向上帝表達了無盡的讚美和感謝。梵蒂岡還專門創制了一個特別的瞻禮，即玫瑰經十月瞻禮，作為十月的第一個主日，即便到了今天，仍然有一些義大利教堂在紀念這個瞻禮日。

在勒班陀海戰後，那些繳獲的土耳其戰利品——地毯、旗幟、頭巾和武器擺滿了威尼斯、羅馬、熱那亞的街道及商店。專門鑄造的紀念幣上更是掩不住內心的狂喜，上面刻著「蒙上帝恩寵，在對土耳其人戰爭中取得海戰大勝的一年」的字樣。恐怕這是少有的在紀念幣的有限空間裡鐫刻那麼多字吧！長著雙翼的聖馬可獅（威尼斯的護城神，其標誌為獅子）充斥在威尼斯的各種紀念幣上，就連歐洲北部的新教地區也有數以十萬計的木刻版畫和聖牌在流傳。

著名的威尼斯大畫家丁托列托（Tintoretto）[13]和保羅．威羅內塞（Paolo Veronese）[14]都繪製了勒班陀海戰的巨幅油畫，在後者的巨作中，重點描繪了奪取

13 手法主義的重要代表人物，其風格始於佛羅倫斯，鼎盛於威尼斯，其主要特點是追求怪異和不尋常的效果。丁托列托偏愛透視強烈、甚至唐突的構圖，筆下人物姿態各異，動勢激烈，具有強烈的短縮效果，主要代表作有《基督受難》、《最後的晚餐》。

14 丁托列托之後非常重要的畫家，主要代表作有《在利未家中的耶穌》（*Feast in the House of Levi*）。

阿里帕夏旗艦的過程以及巴爾巴里戈（神聖同盟左翼艦隊指揮官，海戰中右眼被箭矢射中）受到致命傷的景象。

喬治．瓦薩里（Giorgio Vasari）[15]繪製的與勒班陀海戰相關的主題壁畫被裝飾在梵蒂岡的教堂裡。大師級別的畫家提香（Titian）[16]還專門為西班牙國王腓力二世繪製了一幅紀念肖像。需要注意的是，在這幅畫中，西班牙國王站在聖壇上面，將他的兒子唐斐迪南（Don Fernando）高舉向天，一個被俘虜的土耳其人則成為陪襯的近景，遠景則是正在燃燒的鄂圖曼帝國的艦隊，整幅畫看上去彷彿就是天降祥雲，吉兆充盈的風格讓這場戰爭取得了勝利一樣。這幅名為《腓力二世把初生的太子唐斐迪南獻給勝利之神》（*Philip II Offering Don Fernando to Victory*）的畫被收藏在西班牙馬德里的普拉多博物館，也許最能反映歐洲人在這場戰役中獲得的榮耀感了。

在墨西拿，這座城市的民眾感受到了唐胡安的恩賜，土耳其人對他們的威脅讓他們惶恐不安，雕刻師安德莉亞．卡拉梅奇（Andrea Calamech）親自為唐胡安雕刻了

15 米開朗琪羅的學生，佛羅倫斯繪畫學院的發起人之一，文藝復興時期義大利藝術理論家。
16 義大利名：Tiziano Vecellio。文藝復興後期威尼斯畫派的代表畫家，主要作品有《西班牙拯救了宗教》、《烏爾比諾的維納斯》、《聖母升天》。

巨像，而《勒班陀之歌》的誕生則出自費爾南多・德埃雷拉（Fernando de Herrera）之手。西班牙著名作家米格爾・賽凡提斯在他享譽世界的著作《唐吉訶德》裡寫下了關於這場戰爭的最大感受：「在那裡死去的基督徒比倖存下來的勝利者還要快樂。」作家本人也參加了勒班陀海戰，戰鬥中他的左臂被打殘，並由此落得「勒班陀的獨手人」的綽號，但他並未因此而畏懼戰爭，隨後他加入洛佩・德菲格羅亞兵團參與希臘的納瓦里諾戰役。當時還是孩子的未來的英格蘭國王詹姆斯一世為了紀念這次勝利，也專門書寫了長達一千行的詩歌《勒班陀》，年輕的莎士比亞也受其影響，在自己的戲劇作品如《奧賽羅》裡還特意設定專屬角色為威尼斯人效勞，抵抗土耳其人的進攻。

⋯⋯⋯⋯

我們看到的都是歐洲人高唱的讚歌，這是幸運帶來的勝利，還是唐胡安出色的戰地領導力，抑或其他？儘管關於鄂圖曼帝國在這方面的史料比較缺乏，但我們依然可以從零星記載中盡可能地窺探出一些真相。

§

狹路相逢勇者勝，勇從何來？

土耳其人的殘酷，我們或許可從以下場景中得到一種恐懼的感受。

馬可．安東尼奧．布拉加丁（Marco Antonio Bragadin，或叫瑪律坎托尼奧．布拉加丁，Marcantonio Bragadin），賽普勒斯英勇的守軍領袖，他遭受了被土耳其人剝皮分屍的酷刑。

科孚島上，土耳其人褻瀆基督徒的墳墓，拷打教士，綁架平民，侮辱教堂。

…………

所以，幾乎所有的基督徒士兵一旦登上鄂圖曼帝國的艦船，他們就會以非人的勇猛方式與敵人展開殊死戰鬥。反觀鄂圖曼帝國的士兵，儘管他們也兇猛，但其內心深處的血性未必就得到了最大程度的發揮。

如果上述只是以一場戰爭來剖析，未免不夠深刻，我們可將視角放到十六世紀的中歐和東歐。那時候的歐洲依然遭受到從六世紀以來的東方勢力的進攻。當北非和小亞細亞被伊斯蘭教統一起來，歷史發生了巨大的變化，鄂圖曼帝國的勢力已經伸入這些地區了。再看歐洲，卻因為宗教的傾軋陷入無法控制的混亂局面。特別是基督教的分裂，即分裂成羅馬天主教和東正教後，一些新興的國家陸續產生——英格蘭、法蘭西、荷蘭、義大利、西班牙……它們不再單純地向梵蒂岡這個被稱為「國中國」的教皇國效忠。宗教聖地的權力和威懾力都面臨著退縮的尷尬，基督教的世界開始變得碎片化了。

早在十世紀早期，雖然法國趕走了最後一批伊斯蘭教襲擊者，但讓人驚訝的是，到了十六世紀，有相當長的時間法國竟與鄂圖曼結盟。當然，這樣的結盟也讓法國人獲得了不菲的回報。譬如在一五三二年，法國人在土耳其人的幫助下從熱那亞手中奪取了科西嘉島。這個島的戰略位置非常重要，它南隔博尼法喬（Bonifacio）海峽與義大利薩丁島相望，加之擁有豐富的淡水資源，很適合建立港口。作為回報，法國人同意鄂圖曼帝國海軍司令巴巴羅薩的艦隊在法國的港口過冬（一五四三—一五四四年）。

需要注意的是，這是一支專門由基督徒俘虜提供划槳動力的艦隊，如果我們明白這兩個國家曾經有著這樣的「交易」，就不難理解勒班陀海戰中，鄂圖曼帝國艦隊司令阿里會那麼自信地讓艦隊離開港口，在不做好基地防禦準備的情況下，就敢直接駛出科林斯灣，在外海與敵方交戰的原因了。土耳其人相信那些來自不同國家的基督徒在不同習俗下肯定如一盤散沙，在強大的鄂圖曼帝國面前就是不堪一擊的。

在西方世界嘗到了甜頭的土耳其人，獲得了許多奴隸、各種各樣的擄獲品和威力巨大的新式武器……，可是，歐洲人卻將目光投向了更遙遠的西方和南方。這自然是為了發現新的海上航路，譬如新發現的美洲航線和沿著北非海岸的航線……。一方面，歐洲確實擁有了不一樣的海上貿易通道，但另一方面也體現了歐洲人對土耳其人的恐懼心理。那些歐洲商人想著無須再忍受鄂圖曼帝國的糾纏，更重要的是，他們不用再去穿越由這個帝國控制的亞洲地區和航線，也不用承擔高額的關稅了。

新航路、新航海時代的到來讓西方世界變得強大起來。讓鄂圖曼帝國看起來像一盤散沙的西歐事實上並非如此，它們反而自行發展出許多新的商業中心，諸如安特衛普（比利時）、倫敦、巴黎、馬德里等，這些商業繁榮的城市讓西歐對窮鄉僻壤的東地中海的興趣正在銳減。早先的熱情一旦消失殆盡，對鄂圖曼帝國將是一種巨大的傷害。

西歐人覺得那些東正教徒不值得被解救——考慮到鄂圖曼帝國境內與其他新的商業路線大部分處於停滯的狀態，巴爾幹和東地中海諸島在他們眼裡如同雞肋，加之在君士坦丁堡陷落前西歐人與拜占庭人的宿怨就根深蒂固了。就算是基督教徒全身心地對抗穆斯林，像英法這樣的國家也會視若無睹，甚至在某個節點上還會對土耳其人伸出援手。就算是義大利或者威尼斯，他們也只是對鄂圖曼帝國沿海地區的貿易顯示出稍微濃烈的興趣。這樣看來，勒班陀將是幾個西方大國因相同宗教文化而最後團結起來對抗伊斯蘭教的主要戰場之一。

再看伊斯蘭教世界這一邊，單算鄂圖曼帝國，其人口數量、自然資源、領土面積，這三方面都超過任何一個地中海的基督教國家。但是，如果基督教國家和南歐諸國都團結起來，伊斯蘭教勢力就會成為較弱的一方。這一點，我們可以從中世紀發生的第一次十字軍東征（一〇九六—一〇九九年）得到證實。

那個時候，宗教改革還未發生，火藥也沒有普及，但他們竟然能在遠離歐洲的戰場取得重大勝利。我們知道，歐洲的軍事能力是從古典時代一脈相承下來的，那時候的戰法缺乏大量熱兵器開火帶來的血脈賁張感，第一次十字軍東征以法蘭克人占據聖地耶路撒冷而結束，這表明了西方是擁有陸海雙線給養以支撐軍隊遠征的能力，這在伊斯蘭教的世界裡幾乎無人能實現。

當然，我們或許會找到一些外部勢力攻入歐洲的特例，譬如薛西斯一世統治時期的波斯人，草原帝國時期的蒙古人……不過，我們需要明白一點，他們之所以能夠攻入歐洲，是因為他們的對手是一個處於分裂狀態，甚至互相爭鬥的國家。這是非常可怕的，在基督教世界裡罕見的合作中，到十四世紀為止，再也沒有像十字軍東征的歐洲聯軍那樣能越過地中海發動遠征了。

應該是上帝庇佑——如果這一切可以這麼說，歐洲在面臨外部勢力入侵的時候，其特殊的地理環境迫使外部勢力必須具備非常強大的後勤補給力量以及重裝步兵的數量。這樣的高要求就算整個鄂圖曼帝國將資源全部動用也未必能達到。在十五世紀，鄂圖曼帝國的確算是強大的：從疆域來看，它統治了亞洲、巴爾幹和北非的許多地區。謝里姆二世敢發動這場戰爭，一個很重要的內部真相是這個帝國透過武力的形式推進了宗教傳播，使得境內的人民基本上接受了伊斯蘭教，而這時候的歐洲正處於分裂較為嚴重時期。這就像八世紀的時候，伊斯蘭教開始征服西歐基督教小國一樣，這些小國因為不團結，面臨的又是一個龐大的宗教政治力量的攻擊，自然是敗事連連了。

鄂圖曼帝國的精英階層，或者說這個帝國的知識分子和毛拉們（伊斯蘭教中的稱謂，意為保護者、主人、主子，現在伊斯蘭教徒用其來尊稱該教的學者）有一種奇怪的思想意識，他們不會覺得發動戰爭是人類歷史上最為殘酷的行為之一。中世紀的哲學家德西德里烏斯·伊拉斯謨（Desiderius Erasmus）[17]，認為戰爭就是邪惡的東西，即便到了非戰不可的時候，也只能在最為緊密的道德約束下進行。但這樣的

17 約一四六六—一五三六年，荷蘭哲學家，十六世紀初歐洲人文主義運動主要代表人物。

約束，對鄂圖曼帝國來說似乎是沒有絲毫用處的。也正因為如此，歐洲人會在他們的信仰中找到一種力量來對抗土耳其人。他們透過公民的力量將軍事力量輸送到戰場，他們中很少有人覺得個人利益會與國家利益相背離。當他們面臨戰爭開始後的生計問題時，同樣不會因為教友想賺取高額利潤而發生糾紛。

§

鄂圖曼帝國牢牢控制著東地中海的沿海水域。這個帝國的掌控者們驚喜地發現，這場戰爭一旦勝利將有利於版圖的擴張，這種擴張力度非同一般，這是以宗教的名義在推進不同文明時的交鋒。一旦順利推進，他們的狂熱感將超過迦太基人、波斯人和匈奴人。

問題是，這僅僅建立在假設的前提下。事實上，西方在軍事層面的支配地位儘管在羅馬陷落後有所下降，但歐洲的許多國家經過上千年的文化積澱，在骨子裡潛藏有古典時代的自由思想，這種自由既包括個體的，也包括公眾以及整個國家的。

因此，我們重新審視歐洲戰爭的時候，特別是查理曼帝國終結後的中世紀（這個偉大君主的離世讓西歐再次陷入到內戰），西方文明的內戰正在因歐洲王公們不斷自相殘殺而上演。這種血腥的實戰讓這些國家具備了豐富的作戰經驗，無論是陸地的還是海洋的。

戰爭意味著科技的進步，儘管我們在情感上對此會有些無法接受，但那時的威尼斯和西班牙的槳帆戰艦製造技術明顯高於亞洲。鄂圖曼帝國的艦隊構建和運營幾乎是照搬威尼斯或熱那亞的，這種形式就如同中世紀早期伊斯蘭艦隊效仿拜占庭的航海和海軍管理一樣。提供動力支援的槳手雖然身分不同，但划槳的方式都是一樣的。

我們很難看到鄂圖曼帝國在軍事技術革新上有所建樹，這都是簡單的效仿或複製導致的結果——鋸掉撞角、使用登船網，它們都是首先出現在歐洲的「海上」。雖然新的火藥時代將熱兵器的發揮提升到了一個更高的層面，但戰略與戰術的運用，當然還是體現在人的能動性裡，海軍將領在艦隊指揮和掌控等方面的作用尤其重要。但是，這並不絕對意味著在戰爭中能克敵制勝。更有意思的是，勒班陀海戰的雙方將領都是歐洲人，鄂圖曼帝國的蘇丹更青睞義大利的叛教海軍將領，因為他們熟悉歐洲的習俗和語言。

上述問題看起來似乎沒有那麼嚴重，如果一切都如鄂圖曼帝國所設想的那樣。帝國的掌權者們知道人的因素在戰爭中的巨大作用，可他們忽略掉了歐洲人的民族特性，就算為帝國效力的叛教者是精通歐洲習俗與語言的人才，難道他們真的沒有一點家國情懷嗎？當他們看到這個不可一世的帝國對待兵士的態度，心裡面就沒有一絲感慨嗎？對此，我們可以從唐胡安的說法中得到證實：「在整支艦隊當中，基督徒奴隸的腳鐐都被打開了，並且他們都配上了武器，還得到了自由與獎賞的承諾，以鼓勵他們英勇作戰的行為。穆斯林奴隸則相反，固定他們的枷鎖被仔細檢查，還敲下鉚釘，並給他們戴上手銬，讓這些人除了拉槳之外做不了任何事。」[18] 這些為艦隊航行提供重要動力的奴隸們除了沒有自由，還要忍受不被信任的折磨與屈辱。我們不難想像，一旦戰事開打，這裡面潛在的威脅是什麼。

神聖同盟的艦隊希望能與鄂圖曼帝國的艦隊面對面決一死戰——這支艦隊代表了那些時常被土耳其人騷擾的國家——除了讓他們頭痛不已的土耳其人，還有北非海盜（成員包括土耳其人、柏柏爾人和希臘人等），他們活躍在北非沿海，背後有鄂圖曼帝國的支持。當歐洲先進的航海技術經由歐洲海盜的傳播，同樣讓北非海盜的活動範圍得到擴大。他們要麼搶劫貨物，要麼將歐洲人擄掠後變為奴隸，像西班牙、義大利等國的沿海村鎮都深受其擾，那裡的居民無奈之下只能紛紛遷往內陸以

18 參閱威廉・斯特林-麥斯威爾（William Stirling-Maxwell）的《奧地利的唐胡安：或十六世紀史中的段落 1547—1578》（*Don John of Austria: or passages from the History of the Sixteenth Century 1547-1578*）。

避其禍。除了大名鼎鼎的柏柏里海盜「紅鬍子」海雷丁，蘇萊曼一世時期的卡普丹帕夏也因在西班牙的戰爭中起到重要作用而聲威赫赫，成為穆斯林的海上英雄。在讓西班牙吃盡了苦頭後，他投靠了鄂圖曼帝國。因此，我們很容易就能明白神聖同盟艦隊為什麼希望能與鄂圖曼帝國的艦隊迎面對戰的原因了，他們恨不得殺死每一個讓他們深受其害的敵人。

即便如此，我們在審視這場具有特殊意義的海戰時，也一定不要忘了神聖同盟聯合艦隊表現出的猶豫不決。那些停泊在冬營裡的艦隊，那些來自西班牙、威尼斯、法蘭西、英格蘭和德意志的冒險者，還有聖約翰騎士團，甚至還有少量婦女和新教徒……，他們在戰前、戰中，甚至在第一輪射擊的前幾秒的時間裡，都有過遲疑及爭吵。這時候，艦隊指揮官或決策者就很重要了。正是神聖同盟聯合艦隊裡呈現出的多元化意見，使得上層掌權者能根據隨時可能產生的突變做出應對之策。反觀鄂圖曼帝國，他們在這一方面呈現出的應對似乎要弱一些。這一點，在前文已有述及。

在戰爭所需要的經濟能力方面，雖然基督教世界締結的城邦聯盟在鄂圖曼帝國的眼裡是「不值一提」的，但是，它們先進的資本主義制度能使這些城邦國家在科技、經濟等諸多方面有更大的發展空間。這一點，我們可以縮小範圍——能在地中海具有大國形態的只有教皇國、威尼斯和西班牙，這三者加起來的經濟總量明顯高於鄂圖曼帝國。一個有力的證據就是：早在神聖同盟聯合艦隊出航前，僅教皇國的大臣們就已籌備了足夠兩百艘槳帆戰艦打上一年仗所需的資金。

鄂圖曼帝國控制著許多可為戰爭提供經濟支援的木材、礦石、農產品和貴金屬，這樣的經濟能力若單與威尼斯相比，自然是大得多。然而，在軍事資產、貿易、商業以及對地中海的影響力方面，至少十六世紀的威尼斯有能力與土耳其人抗衡。關於這一點，我們可從這個幅員並不遼闊的國家在資本主義制度方面呈現出的對各種資源的分配和掌控能力進行分析。在這個國家七百萬杜卡特的年收入中，僅分配給大兵工廠的費用就高達五十萬杜卡特。有了這樣充足的經費，這些兵工廠就能生產出大量火繩槍和火繩鉤槍（即在火繩槍的前端裝上帶鉤的爪子，類似日後的步槍配上刺刀），火炮及乾燥後的木材（建造艦船及其他用途）。

如果說五十萬杜卡特還不夠用的話，威尼斯的私人造船廠（相當於私營企業）以及在他們的支持下成立的公會（類似於二戰中美國的戰時生產委員會，該會於一九四二年一月十六日在羅斯福總統的命令下成立，以滿足戰爭的需求，分配稀缺的重要的戰爭物資，如汽油、金屬和橡膠等）會為戰爭提供民間保障。千萬不要小瞧威尼斯兵工廠的生產能力，在勒班陀海戰結束三年後，法國君主亨利三世曾親臨威尼斯兵工廠，那裡的兵工廠能在一個小時裡，完成一艘槳帆戰船的組裝和下水工作。這實在是讓人感到震撼！

在弗雷德里克·蔡平·萊恩（Frederic Chapin Lane）[19]所著的《文藝復興時期的威尼斯艦船與造船者》（*Venetian Ships And Shipbuilders Of The Renaissance*）一書中有段讓人驚訝的記載：「有二十五艘武裝整齊、配備了航海設備的槳帆船將被保存在水池裡。其餘船體和上層建築保持完好的槳帆船則被保存在陸地上，一旦用麻纖和瀝青塞滿船縫就可以下水。它們存放的兩座船塢及其前方的水域都保持清潔，因而它們能夠迅速下水。每條槳帆船都標上了數字編號，因此它們能夠儘快組裝起來。」由此可見，威尼斯的造船業擁有一整套先進規範的操作流程，品質和效率都能得到保障。

鄂圖曼帝國的兵工廠實際上是威尼斯的複刻版。作為最重要的兵工廠基地——金角灣，那裡的造船技術人員是從那不勒斯、威尼斯等地雇傭而來的。顯然，這裡面問題重重，且不說能不能做到一模一樣地複製，單從一些外國參觀者看到的情形來說，他們會產生一種明顯的擔憂：那些從基督徒軍隊中偷來或劫掠的火炮竟被隨意

19　一九〇〇—一九八四年，中世紀歷史，尤其側重於研究威尼斯地區歷史的專家。其所著的《威尼斯：一個海上共和國》（*Venice: A Maritime Republic*）也可作為勒班陀海戰相關史料查閱。

地堆放在各個角落裡，這樣缺乏責任感和組織混亂的怪象如何能保證鄂圖曼帝國成功複製威尼斯的兵工廠模式？更進一步來講，伊斯坦堡的獨裁政權根本無法讓帝國在軍事技術、管理模式等多方面得到自由發展。

在徵收賦稅上，作為帝國權力中心的伊斯坦堡總希望能盡可能地多和高，而由最高行政長官（總督）和貴族商人組成的元老院共同掌管下的威尼斯，對貿易中滋生出來的資本主義持寬容及支持態度。無疑，這樣的「共和」模式是能夠讓這個國家得到更為廣闊的發展空間的。

在文化事業上，威尼斯共和國及其盟國均呈現出一片繁榮景象。對軍事的研究，要麼表現在雜誌文章和個人著作上，要麼表現在高等教育上。特別是以威尼斯附近的帕多瓦大學為代表的研究機構，不但推動了軍事技術的變革與進步，在醫學和文化藝術方面也有了長足發展。著名的威尼斯冶金專家萬諾喬・比林古喬（Vannoccio Biringuccio）在鑄造和冶煉等方面有著豐富的閱歷及卓越的建樹，譬如他曾在威尼斯和佛羅倫斯共和國鑄造火炮，修建城堡。於一五四〇年出版的《火法技藝》共十卷，八十三幅木刻畫融入書中，彰顯了圖文並茂的特點，其對蒸餾用爐、鼓風設備、鑽炮膛和拉絲裝置的細緻描繪足以讓人驚歎，因此該書成為今天研究中世紀及其後期軍事科技的重要參考。尼科洛・塔爾塔利亞（Niccolò Tartaglia）的著作《新科學》

於一五五八年問世，書中對科學技術的研究與運用表明了這個開明的國家在思想、文化方面的積極態度。以阿爾杜斯．馬努提烏斯（Aldus Manutius）為代表的出版商則致力於歐洲最大出版中心的建設，目的是讓更多的思想、文化藝術、科技研究及成果得到傳播與運用，他本人特別偏愛古希臘和羅馬的古典書籍的出版推廣。

這是一項非常偉大的令人景仰的事業。相比之下，鄂圖曼帝國的出版業起步較晚，直到十五世紀晚期出版業才被引入伊斯坦堡。值得注意的是，對於出版業被引入一事，帝國的高層一直憂心忡忡，擔心印刷術的廣泛運用會傳播對政權有害的資訊。鄂圖曼的文藝作品大都富有宮廷生活的色彩，並服從於帝國和宗教的審查制度，這難免曲高和寡。彷彿任何思想和行為都不能與《古蘭經》產生衝突，所以理性主義的存在自然就成為眾矢之的了。

如果一定要用不忍直視的後果來表明鄂圖曼帝國對思想的禁錮有多麼不利，那就會對於這場大海戰的前因後果產生一種宿命結論：沒有真正意義上的鄂圖曼大學，沒有出版社和促進抽象知識廣泛傳播的相關運營體系，土耳其人只能從出現在市面上的、實際操作中得出的，或者地中海的海員口中獲取相關知識和經驗。

作為審視這段歷史的後來者，並非要刻意貶低一方成就另一方。亞洲和歐洲的這次對決表面上是以軍事力量為載體，實際上威尼斯的優勢同鄂圖曼相比，並不在於其地理、自然資源、宗教狂熱和戰略戰術等方面多麼令人驚歎，這背後彰顯的卻是資本的殺戮，即資本主義體系、共和制度以及對文化科技等多方面的支持和投入。威尼斯的精英深刻領悟到，只有把這些方面做到盡善盡美，才能對抗遊牧民族的戰士文化。

因此，我們會看到一個非常奇怪的現象：一方面是蘇丹對歐洲的精英人才求賢若渴；另一方面是土耳其人尷尬地發現他們在威尼斯幾乎沒有什麼用武之地。

§

孟子說「天時不如地利，地利不如人和」，根據在阿里帕夏旗艦上發現的十五萬枚金幣，我們會非常震驚地發現鄂圖曼帝國最為可怕的深藏的危機。那些富裕的鄂圖曼商人，甚至是一些高層，居然暗地裡到歐洲投資，並且成為一種常態。除了阿里帕夏的旗艦，其他鄂圖曼海軍將領的戰艦上也發現了數目不小的金幣。

如果單純地解釋為鄂圖曼帝國缺乏銀行系統，我們是無法理解艦隊司令官阿里帕夏心裡的恐懼的。他擔心這場戰爭的失敗，或者說害怕哪天不小心觸怒了蘇丹，會讓得來不易的家產被沒收，因此他把巨額的財產帶到了勒班陀的海上。設想一下，堂堂的艦隊司令官在作戰時還要考慮到財產的歸屬問題，這是多麼悲哀啊！畢竟，他是鄂圖曼帝國蘇丹的妹夫，像他這樣位高權重的大人物都擔心自己的利益得不到保障，那些普普通通的民眾又該如何保全自己呢？

許多鄂圖曼商人表面對帝國呈以忠心和支持，暗地裡卻轉移財產、投資歐洲，他們因擔心財產被蘇丹沒收，選擇在海外隱藏或埋藏財產的方式來保障自身利益。財富的大量外流，導致即便是帝國首都也沒能對教育、公共基礎設施和軍事遠征等方面進行積極的投入。

對此，亞當·斯密在《國富論》裡的一段論述可作為最好的闡釋：「在那些不幸的國家，人民隨時有受上級官員暴力侵害的危險，於是，人民往往把它們財產的大部分藏匿起來。這樣一來，他們所時刻提防的災難一旦來臨，這些人就能隨時把財產轉移到安全的地方。據說，在土耳其和印度，這種狀況是常有的事，我相信，在大部分國家同樣如此。」

於是，在東西方貿易發展的歷程上我們會看到一個時期的尷尬：雖然居住在伊斯坦堡的威尼斯人和義大利人、希臘人和猶太人、亞美尼亞人促進了東西方貿易的發展，但是他們熱衷於用歐洲的火器、纖維製品交換亞洲的原料商品（主要包括棉花、絲綢、香料、農產品）。有意思的是，威尼斯人卻不熱衷於這些，他們覺得沒有必要同從事奢侈品和銀行儲蓄的土耳其人做生意，哪怕土耳其人能為他們的經濟起到促進作用。而鄂圖曼的德夫希爾梅徵兵制度（Devshirme，也被稱為「血稅」或「兒童稅」，為童子充軍制）更是讓這個帝國與歐洲政治、經濟、軍事的區別更為明顯。

這是一種建立在奴隸制基礎上的絕對君主制，國家的諸多權力都掌控在統治者手中，他們享有對戰利品和戰俘的徵收權力。僅後者來說，每隔四年就要從被征服的基督教行省中選取合適的基督徒少年和男童強迫他們改宗伊斯蘭教，再經過殘酷的訓練，最優秀的人會接受鄂圖曼語言和宗教教育，並在征服戰爭和軍隊中獲得高位，最終成為蘇丹本人忠誠而有價值的「財產」。

可以說，由德夫希爾梅制度形成的官僚體系造就了一個可持續的流動征服和軍事精英階層。這個階層具備三個特點，首先它不向穆斯林人口開放；其次不依靠東方常用的世襲制進行複製，哪怕王朝發生更替；最後，德夫希爾梅制度下的兒童不會因為出身或財富的多少得到提拔，這樣看起來似乎是很公平的。如果我們細看柏拉圖的《理想國》，就會發現土耳其人實施的正是書中所提模式的可怕版。

伯羅奔尼撒戰爭的爆發讓雅典城邦危機四伏，這裡面最主要的危機表現在奴隸和奴隸主之間的階級鬥爭上。尖銳的矛盾衝突不僅讓雅典陷入到危險的境地，也讓奴隸主中的民主派和貴族派開始爭權奪利。作為古希臘哲學的翹楚，柏拉圖對民主政體持以堅決的反對態度，極力主張國家應該由奴隸主貴族來掌控。為了實現這一政治體制，他設計了理想國。在德夫希爾梅制度下，鄂圖曼帝國的政治體制彷彿就是最為得體的，至少土耳其會這麼認為。

在這樣的理想國模式中，那些少年兒童不得不與父母分離，接受帝國的文化教育，依靠自身的業績得到提拔。而他們心中的愛國欲望就如此這般地被激發了出來，最終成為蘇丹的忠誠追隨者。他們過著沒有父母的生活，也沒有讓自己的子女走向上層社會的想法。他們的子女生來就是穆斯林了（改宗伊斯蘭教），於是他們的子女就沒有成為政府候補官員或禁衛軍新兵的資格了。

我們無法確定土耳其人對柏拉圖的理想國設計抱有多大的尊重，但對那些過著赤貧生活的農奴而言，他們當中有相當一部人寧願相信，與其過著水深火熱的窮困生活，還不如讓自己的子女接受帝國的德夫希爾梅制度，哪怕是子女被拐走或綁架，因為他們相信這個偌大的帝國也許會給孩子一個更好的未來。

無疑，土耳其人在設計一個精心的布局。帝國以改宗基督教徒作為官員的方式，在很大程度上消除了原住土耳其人獲得權力並滋生暴動的一些威脅。同時，帝國還向世人證明了真主的至高能力，可以將最好的基督徒少年兒童轉化為最虔誠的穆斯林臣民和最忠誠的蘇丹追隨者。在帝國存在的幾個世紀裡，許許多多基督徒被俘虜，然後改宗，成為帝國艦隊中的一員。在德夫希爾梅制度下也誕生了許多讓帝國引以為傲的精英人士，如十六世紀鄂圖曼帝國最偉大的海軍將領海雷丁．巴巴羅薩、烏盧克．阿里（Uluç Ali，一五一九－一五八七年）、米埃津扎德．阿里帕夏。蘇丹的母親許蕾姆蘇丹（蘇萊曼一世的妻子）來自烏克蘭基督教家庭，帝國在勒班陀海戰時的首相穆罕默德．索庫爾盧（Mehmet Sokullu）來自巴爾幹，是斯拉夫人。

因此，我們會放下心中的一個疑問：為什麼鄂圖曼帝國憑藉武力去征服諸國能取得成功？這主要取決於土耳其人能左右逢源於帝國與歐洲之間的複雜關係。一方面，它推崇歐洲，與之貿易，想想其首都伊斯坦堡原為君士坦丁堡就不言而喻了，這是受到歐洲尊崇的聖地，而非東方的城市。

另一方面，在歡迎歐洲商人來進行貿易的同時，它又劫掠歐洲，收取賦稅，還綁架歐洲的少年兒童，並雇用叛教者為帝國效力。於是，鄂圖曼在十五世紀呈現了驚人的擴張奇蹟。它團結遊牧民族，向西面和南面大肆進攻。那些古老而富裕的國家如拜占庭，巴爾幹北部的基督徒采邑（異教徒的土地屬「無主之地」，采邑即有恩賜、賞賜之意，在得到君主恩賞後屬相對的自由地），埃及的馬穆留克，安納托利亞東部，伊朗……都是它攻取或劫掠的對象。在東方，鄂圖曼依然保持著強勁的攻取或劫掠勢頭，轉賣周遭地區的棉花、香料、絲綢和農產品，與歐洲商人進行交易，換取他們需要的武器和船隻……同時，一旦控制了這些地區，它不但奪取土地、獲得戰利品和新的奴隸，還要控制貿易網路中的重要通道。

這就是說，就算帝國的行政管理中存在經濟和政治上的不穩定因素，也都能較好地繼續擴張，並獲得大量財富。這或許是鄂圖曼帝國敢於在勒班陀進行大海戰的原因——若成功，則可繼續實施擴張意圖。退一步來講，勒班陀海戰的失敗，也未必就能動搖帝國的根基。

然而，這一次帝國遭遇到了強勁的對手，威尼斯並不打算向土耳其人俯首稱臣。他們要在勒班陀給予敵人有力的一擊。

03
勒班陀神話

在勒班陀的戰場上大約有十八萬人，他們在勒班陀的海面上相互廝殺，這讓原本就不平靜的海域顯得更加波濤洶湧起來。眼前這些充滿殺氣的船隻正準備開始戰鬥，鄂圖曼帝國艦隊司令官米埃津扎德．阿里帕夏發現前方幾百米遠的海面上出現了六艘奇怪的艦船，從第一印象看，它們不像商用駁船（屬非機動補給船，因吃水淺、載貨量大，需拖船或頂推船拖帶），站在旗艦「蘇丹娜」號上的他對眼前的龐然大物充滿了驚異，這莫非是某種補給船？

顯然，這位司令官無法在短時間裡做出相應的判斷，那六艘奇怪的艦船是威尼斯的創新作品：配備了近五十門重炮的三桅帆裝炮艦，它們密集地排列在左右兩舷，艏樓和艉樓甲板是這些重炮的射擊平臺。如此多的火炮配置，使得它比當時歐洲最大的划槳帆船的裝彈數高出了六倍，一艘船的火力就足以摧毀鄂圖曼帝國艦隊裡的不少普通槳帆船了。若是在平靜的海面上行駛，三桅帆裝炮艦憑藉風帆和船槳的動力，航速非常快。土耳其人沒有見過這樣的龐然大物，他們尖叫起來。一眨眼的工夫，他們的旗艦就受到了莫大的威脅，阿里帕夏驚呆了，六艘龐然大物中的四艘發起了猛烈攻擊，飛射而出的炮彈如同密集的風暴，異常可怕。

炮彈是威力不小的葡萄彈和實心彈。單說葡萄彈，它一改之前的單顆炮彈裝載的形式，將數顆球形彈丸裝在一個彈殼裡，因排列的形狀酷似葡萄而得名。發射時，彈丸衝破彈體的束縛，向四周飛散，有效擴大了殺傷面積。再說實心彈，威尼斯的設計人員將它們設置成三十磅和六十磅的，專門用於對付鄂圖曼艦隊。在火炮的可怕威力下，帝國艦隊竟然採取直接迎擊的方式對轟，這是極不明智的。六艘三桅帆裝炮艦中的二艘分別由安東尼奧・布拉加丁和安布羅奇奧・布拉加丁指揮，這是兩兄弟，他們帶有莫大的仇恨，就在幾週前，他們的兄長馬爾坎托尼奧在賽普勒斯被土耳其人殘忍地殺害了。所以，這兩兄弟發誓要讓土耳其人血債血償，兩人不停地催促炮手加速開火，絕不給土耳其人還手的機會。

整個鄂圖曼帝國的艦隊規模要比神聖聯盟聯合艦隊大得多。但是，作為主力戰艦的「蘇丹娜」號卻無法超越三桅帆裝炮艦，如果能超越，至少可以和對手展開近距離對決。遺憾的是，這純屬假設。更可怕的是在戰鬥正式開始之前，帝國艦隊就有三分之一的船隻被風暴般的炮火打散，失去作戰能力，甚至沉入海中，面對如此尷尬的境地，司令官怒不可遏。四艘三桅帆裝炮艦戰艦狂轟三十分鐘，雖未能對「蘇丹娜」號形成致命打擊，卻擊毀了大量土耳其槳帆船。更讓司令官氣憤的是，土耳其戰艦的反擊只是讓二艘位於右翼的三桅帆裝炮艦漂離了最佳作戰位置。

阿里帕夏的驚恐加劇了，眼前的巨無霸根本就不需要採用老式的戰法——依靠撞角和士兵跳幫廝殺……，這樣的巨艦隻需要依靠密集的火炮、高聳的甲板和大型船體就能稱霸海上。

狹路相逢勇者勝！

面對神聖同盟聯合艦隊風暴般的攻擊，帝國艦隊還是有一部分向前突破了。這是位於中央戰線的一些戰艦，它們繞過炮火衝到了唐胡安的「王家」號周圍。唐胡安熱血沸騰，用充滿激情的話語鼓舞將士：「我的孩子們，我們來到這裡要麼得勝，要麼死亡，一切都是天意。」當那些接近神聖同盟艦隊的鄂圖曼帝國艦船準備發動撞擊時，他們看見神聖同盟的艦船上都有耶穌受難像，許多教士全副武裝，像著了魔一般地跨上甲板，這個偌大的帝國到此刻才明白他們要為自己犯下的殺戮——諸如在賽普勒斯、科孚島的種種暴行買單了。同仇敵愾的巨大能量讓勒班陀成為復仇的最佳場所。

激烈的戰鬥早已拉開。

衝上「蘇丹娜」號的八百名基督徒和鄂圖曼帝國的士兵展開搏鬥。「蘇丹娜」號是一艘足以被稱為巨大的槳帆戰船，畢竟是帝國的主力戰艦，它從造船廠下水的那一刻就註定載有巨大的使命，要對那些敢於挑戰帝國威嚴的對手給予嚴懲。無論這艘戰艦多麼不可一世，它終究有一個致命缺陷——沒有用於防護的登船保護網，也因如此，它成為戰線中心的屠殺場。基督教徒中的大部分人都身穿鐵制胸甲，火繩槍是他們最主要的武器，無懼死亡的他們兩次攻入阿里帕夏座艦的中央。

不過，土耳其人也不是弱者，他們拼死還擊，成功擊退了敵方的進攻。作為帝國艦隊的司令官，阿里帕夏此刻當然知道面臨的困境是什麼。他利用未被三桅帆裝炮艦擊中的小型戰艦向旗艦靠攏的策略，不斷地補充援軍，試圖透過帝國耶尼切里（Janissary，禁衛軍）的超強戰鬥力給予敵方痛擊。

神聖同盟聯合艦隊的指揮官們或許看穿了阿里帕夏的意圖，他們也讓更多的戰艦靠近「蘇丹娜」號，卸下更多的火繩槍手加入到爭奪這艘主力艦的戰鬥中。在這些戰艦中要數西班牙人的艦隻更適合接舷戰，因為它更為高聳的甲板可以讓士兵直接跳到敵艦上。與此同時，還有多門大炮留在甲板上進行炮擊，將猛烈的炮火傾瀉到敵軍弓箭手頭上。歐洲人在作戰模式上偏愛大規模的集團衝鋒，西班牙人也不例外，這種有組織的大規模集團衝鋒能有效壓制住土耳其禁衛軍士兵的超強戰鬥力。

於是，勒班陀海戰進入到更加激烈的殺戮中了。就連唐胡安本人也親自加入了戰鬥，他率領士兵發起了最後一輪衝擊，這次終於徹底擊潰了「蘇丹娜」號上的有生力量。阿里帕夏悲憤不已，就在他準備用小弓射出箭矢時，一顆火繩槍的子彈擊中了他的胸部，土耳其艦隊司令官應聲而倒，僅僅一會兒工夫，他身邊的親兵就被復仇之火熊熊燃燒的敵人殺散，基督徒割下他的頭顱掛在一把長槍上，放到神聖同盟的旗艦「王家」號的後甲板示眾。阿里帕夏引以為豪的來自朝聖地麥加所產的鍍金綠旗被從桅杆上扯了下來，取而代之的是教皇的錦旗。

其實，鄂圖曼帝國的旗艦雖然被攻破，但中央戰線上還有九十六艘具有戰鬥力的戰艦，它們完全可以發動進攻。遺憾的是，當他們看到旗艦被奪、司令官被斬首，恐懼心理瞬間被放大許多倍，一時間抱頭鼠竄，成為神聖同盟聯合艦隊輕易屠殺的對象。

§

唐胡安的艦隊由三個分隊組成，並構成一道全長不超過七公里的戰線。鄂圖曼帝國艦隊的戰線拉得很開，目的是想繞過敵方兩翼形成包圍態勢。在唐胡安艦隊的三個分隊中，有一個分隊由阿戈斯蒂諾·巴爾巴里戈指揮，他遭遇到的對手是蘇盧克·

穆罕默德帕夏（Şuluk Mehmed Pasha）[20]。蘇盧克狡猾無比，他利用周邊從右翼包圍了基督徒的分隊，巴爾巴里戈頓感不妙，乾脆利用船速的優勢命令槳手反向開進，以拖住敵方盡可能多的戰艦，隨後命令炮手轟擊敵艦甲板。等到更多的土耳其艦隻向他靠近時，他繼續以船速的優勢將敵艦引誘到海岸邊。

在巴爾巴里戈指揮的分隊中，有三艘來自威尼斯造船廠的最好的槳帆船，它們分別是「命運」號、「海馬」號和「基督復活」號。作為分艦隊指揮官的他，現在只有一個目的，盡可能多地消耗掉土耳其士兵的弓箭，這些弓箭的箭頭全都淬了劇毒，一旦中箭，幾乎無藥可救。巴爾巴里戈在這場戰鬥中不幸右眼受傷，幾天後便死去。但是他的拖住敵人並將敵人引誘到海岸邊的策略成功實施了，於是雙方由海戰變為了陸戰。

一場血腥的陸上廝殺就此展開。許多土耳其士兵因耗盡了手中的箭，又不能得到補給，加之沒有盔甲護身，在近距離廝殺中被火繩槍肆意屠殺。很快，穆罕默德・西洛可也丟掉了性命，他的頭顱被威尼斯人喬瓦尼・孔塔里尼（Giovanni Contarini）

20 一五二五—一五七一年，被歐洲人稱為穆罕默德・西洛可，其名西洛可取自地中海的西洛可風，又以風吹來的方向而稱為東南風。

砍下，屍身被扔進海裡（說法有爭議，另一種說法是他並沒有當場戰死，而是受傷被俘，在戰鬥結束四天後重傷不治而亡），他率領的艦隊幾乎全軍覆沒。

神聖同盟聯合艦隊在這場海戰中取得了不錯的戰果，我們無意厚此薄彼。實際上，鄂圖曼帝國艦隊的表現並非那麼不堪。神聖同盟艦隊的右翼由熱那亞海軍將領喬瓦尼・安德烈亞・多里亞指揮。為了維持戰線完整，再加之要面對敵方的進攻，其戰線向右漂移了很遠。按照原定計劃，多里亞的艦隊應該橫向開進唐胡安的中央戰線，但這樣的說法又有爭議，大意是說他擔心自己的戰艦被土耳其人摧毀，其目的是保存本國的軍事力量。無論是何種說法，一個不容改變的事實就是多里亞的艦隊因為漂離了中央戰線，導致中央戰線的槳帆戰艦的側翼受到的威脅增大。

果然，僅僅幾分鐘之後，神聖同盟聯合艦隊擔心的問題出現了。在右翼和中央戰線之間出現了一個空隙，由烏盧克・阿里率領的一支鄂圖曼艦隊立刻湧進這道空隙，直奔筋疲力盡的神聖同盟聯合艦隊（如前文所述，戰線拉得太長，又要盡可能保持完整性，槳手的力量消耗太大）。

烏盧克・阿里激動萬分，這樣的機會實在是太難得了，於是他命令士兵向敵方的右翼和後方展開猛烈攻擊。這種戰術和亞歷山大大帝在高加米拉運用的戰術幾乎如出一轍，大流士三世在那場戰役中損失慘重，也是因為左翼出了問題，留了一個大空隙，這才給亞歷山大大帝有機可乘。神聖同盟聯合艦隊立刻遭到來自舷側的攻擊，卻沒有能力迅速調轉船身進行還擊。於是，損失繼續擴大。

由彼得羅・朱斯蒂尼亞尼指揮的聖約翰騎士艦隊就遭受了慘重損失，甲板上死傷枕藉。然而，歷史就是這麼讓人唏噓，烏盧克・阿里急於獲取戰利品，而不是趁著大好形勢繼續猛攻，這無疑給了敵方喘息的機會。於是，由胡安・德卡多納（Juan de Cardona）和阿爾瓦羅・德巴桑率領的預備隊以最快的速度到達戰鬥區域，利用火炮的優勢向烏盧克・阿里的艦隊展開猛烈轟擊，僅僅幾分鐘的時間，局面就得到了扭轉，若不是阿里命令快速砍斷拖纜，他的艦隊定會支離破碎。

對於阿里本人而言，他可算在勒班陀海戰中表現突出的一位，雖然他未能將戰果繼續擴大，但至少給予神聖同盟聯合艦隊不小的打擊。因此，他也被晉升為帕夏，執掌帝國艦隊的重建工作，又在一五七四年的突尼斯戰鬥中，以監軍的身分參戰。

現在的戰局是神聖同盟聯合艦隊的中央、右翼、左翼戰線都取得了勝利。這主要得益於三桅帆裝炮艦一開始就密集又猛烈的炮擊，並且為了方便炮擊，他們還把船頭給鋸掉了，讓火炮從艦艏的炮位轟擊鄂圖曼帝國艦隊的水線。與之形成鮮明對比的是，鄂圖曼帝國艦隊因炮位瞄得太高，裝彈速度較慢，導致最後面對敵方的轟擊基本無力還擊。

當對戰雙方距離靠近時，作戰形式就會演變成類似於步兵在甲板上的作戰。在勒班陀海戰中，西班牙的兵力總數達到了兩萬七千人，其中有七千三百人是德意志雇傭兵，這樣的兵種擁有強悍的戰鬥力。西班牙人的火繩槍重量大約在十五到二十磅之間，能夠將二盎司重的子彈射出三百五十到四百五十米，齊射時幾乎可以粉碎敵方蜂擁而上的進攻。反觀鄂圖曼帝國，他們只有在士兵湧入勢單力薄的敵方戰艦時才能取得勝利。在狹小的空間裡使用重裝步兵展開作戰，土耳其人缺乏相關經驗。即便如此，神聖同盟聯合艦隊也損失了不少精英戰將，如馬里諾．孔塔里尼、溫琴佐．奎里尼、安德烈亞（阿戈斯蒂諾．巴爾巴里戈的侄子）。

戰鬥進行到下午三點三十分結束。根據相關統計，平均每分鐘就有一百五十名雙方官兵戰死，此外還有成千上萬人要麼受傷，要麼失蹤。巨大的傷亡讓勒班陀海域成為名副其實的殺戮場。這場海戰也和薩拉米斯、坎尼和索姆河等海陸戰場並列成為單日屠殺最為血腥的戰役之一。

那麼，這是否意味著神聖同盟就取得了決定性勝利呢？

§

在勒班陀海戰結束後的近一年時間裡，的確在地中海的海面上很少出現鄂圖曼帝國的戰艦了。但是，這場戰役的勝利並未讓神聖同盟將戰果擴大，他們既沒有奪回賽普勒斯，也沒有解放希臘。

其中最大的癥結是，神聖同盟沒能徹底奪取用於海上貿易的重要航線，僅僅過了兩年，因為亞洲貿易路線被切斷，威尼斯的貿易收入呈大幅度下降趨勢，陷入困境的威尼斯不得不與鄂圖曼帝國媾和。於是，這個龐大的帝國繼續開始它的擴張之路，在接下來的兩個世紀裡，克里特島、匈牙利和維也納都是土耳其人的目標。經歷了勒班陀海戰的失敗，鄂圖曼帝國似乎也明白了什麼，在戰爭結束不到一年的時間，帝國就開始大規模效仿威尼斯大建兵工廠，建立起了屬於自己的軍火基地，一支全新的土耳其艦隊正在建立。

這樣看來，鄂圖曼帝國的元氣並沒有大傷，相反還有更加崛起之勢。然而，像西元七三二年的圖爾會戰一樣，這是法蘭克人阻止阿拉伯擴張之戰，它的勝利只是避免了歐洲被伊斯蘭化。也就是說，西方文化能在基督教的外殼下保存和發展。從這個角度來看，這不僅是威尼斯的勝利，也是由它所輻射的區域的勝利，至少西地中海得以保全。因此，勒班陀海戰中神聖同盟方的勝利可以看作是東西方關係史上的一個分水嶺。鄂圖曼帝國在相對較長的時間裡，很少涉足亞得里亞海。

勒班陀特殊的地理位置，如同它可以透過一場海戰來阻止鄂圖曼帝國對西地中海的進軍一樣，這片海域成為可以自主發揮的場所，於是歐洲與美洲的跨洋貿易有了更大的可能，那些航海家、冒險家將踏上他們的開拓之旅，這無論對個人還是國家都是非常有益的。這就是說，新大陸的發現讓那些廣闊區域的寶藏得到了挖掘，經過非洲之角再與東方展開貿易的航線終將被打通，鄂圖曼帝國把控貿易航道的重要性也開始逐年降低。在此之後，這個龐大的帝國也將走向衰亡。

對此，歷史學者埃米爾·穆罕默德·伊本—埃米爾·蘇烏迪（Emir Mehmet ibn-Emir es-Su'udi）早在一五八〇年就看出了上述問題所在，他說：「歐洲人已經發現了跨洋航行的祕密。他們是新世界和通往印度大門的主宰者……伊斯蘭教徒並沒有最新的地理科學資訊，也不瞭解歐洲人占據海上貿易的威脅。」[21]

東西方發展的不平衡也由此有了更清晰的辨識度。即便源自小亞細亞東部草原的鄂圖曼帝國可以憑藉其超強的軍事能力繼續進行擴張，但它的擴張能力也已達到極限了。

21 依據維克托·漢森的《殺戮與文化：強權興起的決定性戰役》中的引述內容，拓展內容可參閱威廉·愛德華·大衛·艾倫（William Edward David Allen）的《十六世紀土耳其權力問題》（*Problems of Turkish Power in the Sixteenth Century*）。

這個帝國最終不得不承認：西方國家可以憑藉其先進的科學技術對武器進行改良和創新，建立起先進的防禦工事，製造出性能更優越的船舶，然後輕而易舉地打敗帝國引以為豪的軍隊。就算帝國能放下身段虔誠地引進或學習西方先進技術，也不得不面對高昂的費用，更何況這些科學技術本身不是靜止的，是處在不斷變化當中的。難怪著名作家賽凡提斯在其著作《唐吉訶德》裡這樣論述勒班陀海戰：「相信土耳其人不可戰勝是何等的錯誤。」

§

儘管鄂圖曼帝國透過令人不齒的手段獲得了巨大的財富，然而，這個帝國沒有真正意義上的銀行，也就是說帝國沒有構建屬於自己的金融體系。第一家鄂圖曼銀行是一八五六年由歐洲人創辦的。市場價格由政府法令規定，並賦予行會嚴厲監控的權力，私人的貨幣財富更多的是被埋藏或隱蔽起來。而且私有財產不受到政府保護，隨時有可能被帝國強制沒收，稅率被隨意設置，即便有規則限制，也會受到反覆無常的更改。

因此，它並未充分發展出真正意義上的市場經濟。在這裡，任何經濟體系都處於沒有自由的危險中，只有自由的、有理智的經濟體系才能造福一個國家。

自由資本是進行任何大規模戰爭的關鍵。古羅馬著名政治家馬庫斯．圖利烏斯．西塞羅的論斷更為精闢：自由資本才是「戰爭之源」。學者哈利勒．伊納爾哲克（Halil Inalcik）在其所著的《鄂圖曼帝國與歐洲：鄂圖曼帝國及其在歐洲歷史上的地位》（*The Ottoman Empire And Europe: The ottoman Empire and Its Place in Europen History*）書裡的解釋更為細緻化，他說：「對一個資本主義體系而言，要讓它運轉，國家就不得不保護自由市場[22]，不控制、不干擾。由於政治和宗教兩方面的原因，這是蘇丹不能做的事：鄂圖曼人對貿易平衡毫無概念……鄂圖曼的貿易政策緣於一個古老的中東傳統，國家必須特別關注城市裡的市民和工匠不會遭遇生活必需品和原材料的短缺。因此，這樣的政權始終歡迎且鼓勵進口，並阻礙出口。」

古代希臘歷史學家修昔底德在《伯羅奔尼撒戰爭史中》說：「戰爭不再是重裝步兵軍備的問題，而是金錢的問題。」這裡並不是一味強調金錢在戰爭問題上的至高作用。事實上決定戰爭勝負的因素是多樣的，但就資本殺戮而言，神聖同盟的確比鄂圖曼帝國高人一籌。因此，他才那麼肯定地做出結論：那些耕種自己土地的人，

22 自由市是加蓬首都，是殖民者建立的商業城鎮，意為「自由」，自由市場主義就是古典自由主義。

在戰爭中更願意拿自己的生命而非金錢去冒險，因為他們相信他們能夠在戰鬥中倖存下來。

隨著鄂圖曼帝國軍事擴張陷入停滯狀態，土耳其開始受到沉重的壓力。因為歲入減少，帝國也就無法繼續維持適當規模的陸軍和海軍，這反過來又減少了軍事層面的選擇。於是，這個體系開始相當不雅地快速墮落下去，消耗並吞噬自身的財富。

Chapter V

決定時刻

由普利茅斯走向世界

（西元 1588 年）

西班牙艦隊已經被重創，但它仍然由戰鬥力相當可觀的強大戰船組成……在沒有實現目標之前，我不想給女王陛下寫信。無敵艦隊壯觀、龐大和強盛，然而我們還是會一根接一根地拔掉它的羽毛。

——英國軍事史學家約翰·理查·黑爾《無敵艦隊的故事》

01
狂妄之舉

一種激動人心的說法是，一五八八年的夏天，西班牙無敵艦隊因一群狂妄無知的西班牙貴族指揮而走向覆滅。言下之意，曾創造了輝煌戰績的無敵艦隊本不應該覆滅，假如由其他人指揮，結局是否不一樣？

事實上，這種說法與歷史事實相差甚遠，在英吉利海峽展開生死角逐的兩支艦隊數量相當，最終雙方的人員損失都非常慘重。神話的破滅在很多時候並不容易，其背後隱藏的真相正在陳陳相因的觀點下逐漸被掩蓋。不過，一個公認的結局是——資本主義在這次海戰精神中誕生，這簡直就是普利茅斯（Plymouth）[1]的世界性時刻。畢竟，作為一座擁有豐富航海史的城市，也是英國皇家海軍造船廠的所在，英國人從這裡出海走向了全世界。我們也有許多理由相信，這場發生在英國海域的戰爭對這個國家而言、對大半個世界而言

1 英國海軍基地和港口。在英格蘭西南普利茅斯灣的中心部位、普利姆河與泰馬河之間，鄰近英吉利海峽。

都具有里程碑式的意義，絕不僅限於海戰史。

一五八八年七月二十九日夜晚，海面上是多麼不平靜，龐大的西班牙無敵艦隊正在逆風中駛向英格蘭西南海岸。兩個月前，這支神話般存在的艦隊經歷了一場不愉快的旅程。當時，無敵艦隊從里斯本起航前去征服英格蘭。這是一段意義非凡的旅程，作為統帥的西班牙國王腓力二世下達了命令「艦隊必須儘快橫渡英吉利海峽」。大約一百三十艘艦船載著超過二．五萬名官兵，如果完成這次任務，就能與荷蘭運河沿岸的西班牙陸軍會師。這支陸軍由著名的統帥帕爾馬公爵亞歷山大．法爾內塞（Alessandro Farnese）[2]指揮，他正在同起義的荷蘭人作戰。一旦這支艦隊與強大的陸軍聯合，按照腓力二世的構想就可以渡海前往英格蘭，然後劍指倫敦並擒獲女王伊莉莎白一世。

現在，我們應該知道腓力二世這個當時最強大的君主有多麼雄心勃勃或者說狂妄了吧！假如一切都順利，英國女王將成為階下囚。然而，天有不測風雲，從里斯

2　一五四五—一五九二年，帕爾馬貴族，擁有豐富的作戰經驗。起初，他認為主要依靠天主教徒起義，就可以在沒有海軍保護的情況下，以三萬兵力成功入侵英格蘭。腓力二世駁回了他的建議，希望他能更好地為西班牙艦隊工作。

本出發後沒多久，一場突如其來的風暴讓西班牙水手和士兵倍感沮喪，他們甚至認為這是出師不利的徵兆，無奈之下只能選擇前往西班牙北部港口拉科魯尼亞（A Coruña）避難。

時間是寶貴的，尤其是對遠征的艦隊而言。兇狠的風暴損壞了船隻，讓本應該用於航行的時間浪費在維修上了，加之逆風的天氣，使得艦隊無法順利出航，只能在港內駐紮了一個多月（六月九日－七月十二日）。由於長期滯留，各艦準備的食物和飲用水消耗過大，不禁讓人擔憂萬分。

終於等到天氣好轉，風向轉變了！這支艦隊繼續航行，直到七月二十九日晚才到達英國海岸。隨後，在「聖馬丁」號上召開了作戰會議，參會的都是高級軍官。

出現在西班牙人眼前的是普利茅斯港！派出去的偵察人員回來報告說「英國海軍主力正在該港集結」。一些西班牙艦長向他們的指揮官竭力強調：「海上刮起的正是西北風，應當把握住有利的西北風，以出其不意地進攻即刻撲向英國人，只要成功突入港口，就在近戰和接舷戰中壓制英國艦船。」

其實，這樣的建議者考慮的是利用巨型艦的優勢擊敗敵人。然而，他們忽略了最重要的一點：如果繼續航行，就會讓在普利茅斯嚴陣以待的英國艦隊處於西班牙艦隊的左側，這樣在餘下的整個航程中他們都會遭到英國人的攻擊。當時西風正盛，英國艦船在攻擊中十有八九會占據有利的迎風面。況且，英國人不可能對西班牙無敵艦隊視而不見，就像稻草人那樣立在那裡等著挨揍。

這是遠征到英國人家門口實施攻擊，要完成對英國艦隊的有效攻擊至少需要經驗豐富、睿智果敢的司令官精細布局，草率行事是絕對不可以的。這一點，第七代錫多尼亞城公爵阿隆索·佩雷斯·德古斯曼和索托馬約爾（Alonso Pérez de Guzmány Sotomayor, Duke of Medina Sidonia）[3]心裡是明白的。只是，在這之前他們完全沒有預料到自己會處於如此扣人心弦且責任重大的關鍵局面中：擒獲伊莉莎白一世，這是多麼大膽的計畫啊！

偏偏錫多尼亞城公爵是學者型的人物，他久負盛名，受到同時代人的讚揚和尊重，或許是因為這些原因他才成為無敵艦隊的總司令官。父親早逝後，年紀輕輕的他就繼承了在安達盧西亞的大筆財產。他的老師、人文主義者佩德羅·德梅迪納出

3　一五五〇—一六一五年，西班牙王國最悠久的公爵封號之一。此人並沒有海戰的經驗，能成為國王器重之人，很大程度上依賴於他顯赫的家族地位以及勇猛、果敢的作戰風格。關於他以及這場戰役的詳情可參閱安格斯·康斯塔姆（Angus Konstam）的《1588 西班牙無敵艦隊：侵英的宏圖大計》（*The Armada Campaign 1588: The Great Enterprise against England*）。

色的教育也令他獲益匪淺。由於從小熟悉中世紀基督教的教育傳統，這位年輕的公爵對當時的新思想很感興趣。

依據英國海軍中校皮爾森的說法，錫多尼亞城公爵有一些觀點令西班牙宗教裁判所的代表很是懷疑。具體來說，他的告解神父帶了不少書籍到旗艦上，他就其中的內容發表了不一樣的見解。在保留下來的大量通信中，這位公爵顯露了對他人的責任感，這對當時的貴族來說是極不尋常的。他還公開反對黑奴貿易，他認為這是一種「邪惡和令人憤慨」的行為，理應受到上帝的懲罰。

正是因為這份責任意識和正義感，錫多尼亞城公爵得到許多人的認可。可惜，公爵不是一名海戰能手，偏偏國王腓力二世如此信任他。一五八八年二月，他被國王任命為無敵艦隊總司令，國王還給他一個艱巨而光榮的任務——要在幾個月內迫使仇敵英格蘭屈服。

美國學者加勒特・馬丁利（Garrett Mattingly）在《無敵艦隊》中針對公爵的尷尬與擔憂有相應的描述：公爵別無他法，只好給腓力二世寫一封信，坦陳自己根本無法勝任這項任務，並闡明了多條理由：身體狀況很差，不僅暈船，還患有痛風，根本不適合遠航；沒有能力自費補貼自己職務下的重要開支（在那個時代擔任一項重要職位，需要支付一些費用）；既缺少海戰經驗，也沒有服過兵役，把如此重要的一項行動交給一個既無海戰經驗又無從軍經歷的人來指揮，是非常危險的；從沒目睹過戰爭，也從未參加過戰爭，無法勝任此次行動。公爵還補充道：「這些缺點中的任何一項都將剝奪我的資格，更不用說加在一起會是什麼樣了。」

腓力二世拒絕了他的所有請求。國王的考慮是這樣的：這個人的忠誠讓他可以絕對信任，同時這個人的威信因其社會地位而無可動搖。在國王看來，西班牙帝國的高級貴族中似乎只有錫多尼亞城公爵才能滿足這兩項要求。然而，實際的真相是：腓力二世缺少有能力的海戰指揮官，這一點可以從威尼斯駐西班牙大使在一五八四年的一份報告中得到證實。

錫多尼亞城公爵只能接受腓力二世的任命了，並在一五八八年春天全力籌集人員、火炮、彈藥及各種補給品等艦隊裝備事宜。即便已經在為遠征行動各項事宜進行籌備了，公爵依然沒有停止過對這次行動成功性的懷疑，哪怕被迫停留於拉科魯尼亞期間，他還在向國王強調：自己不相信這次行動能夠取得成功，應當予以終止並和英國人達成和平協議。

然而，國王的顧問們由於害怕失寵，根本沒有將公爵的信上呈給腓力二世。就這樣，一五八八年七月二十九日早上，旗艦上的錫多尼亞城公爵面臨著一生中最艱難的抉擇：要不要對英國艦隊發動突襲？

抉擇之所以艱難，是因為敦促他對普利茅斯港的英國艦隊發起大膽突襲的是由一群遠比公爵本人更懂得海上作戰的人提出的。馬丁利在《無敵艦隊》中指出，這些人當中，尤以航海家里卡爾德最為迫不及待，海戰失敗後，他甚至還指出了錫多尼亞城公爵的多項錯誤。他說：「在西班牙無敵艦隊出現在英國海域，在遠遠就能望見英格蘭海岸之前就應該對普利茅斯港發動奇襲。」

也有反對的聲音。不過，這些提出反對理由的人顯得很平靜和明智，他們認為：「現在只是大概知曉敵人的位置，甚至不知道敵人的船隻是否已經離港，況且普利茅斯港的入口既狹窄又危險，而且己方艦隊還處在火力強大的海岸炮的射程之內。在這種情況下，貿然發動進攻無異於一場賭博。」

就這樣，錫多尼亞城公爵顯得更加猶豫不決了。最後，他根據腓力二世的指令做出了決定：艦隊立刻突入到荷蘭運河沿岸，並在那裡與帕爾馬公爵的部隊會師。

今天看來，貿然發動突襲還是可取的。有觀點甚至認為，「如果錫多尼亞城公爵是納爾遜勳爵那樣經驗豐富的水手和傑出的戰略家，他就有可能抓住眼前的機會痛擊港內的英國艦隊，但性格和成長經歷的差異只能使他做出不同的決定」。[4]

4 參閱加勒特·馬丁利的《無敵艦隊》。

普利茅斯的「世界性時刻」就這樣流逝了，這個獨一無二的時刻雖然極其危險，但驕傲的西班牙無敵艦隊確實具備入侵不列顛群島的前提——當時英國海軍風氣敗壞，而西班牙人對他們並不瞭解，錯失了一次極有可能取得勝利的良機。

無論怎樣，無敵艦隊終歸是在這場海戰中失敗了，當時有許多人指出了艦隊司令官錫多尼亞城公爵多處錯誤。只是，將一次戰役的勝負歸結到某一人身上顯然是失之偏頗的。這就好比東方的三國時代，諸葛亮為什麼沒有選取子午谷奇襲是一個道理。

§

既然這次海戰最終失敗了，那就至少意味著不用質疑這一點：當時世界上最強大的風帆艦隊解體了。按照德國學者阿內爾．卡爾斯滕和奧拉夫．拉德的說法：「這一切的發生幾乎遵循著數學般的邏輯合理性，其結果也與西班牙和英國此前進行了三十年的戰爭的結果保持一致。」是的，以一個國家對海洋的掌控能力而言，損失或失去了一支強大的艦隊，很大程度上說明這個國家對外部世界的掌控能力大大降低了。

英西兩國的這次海戰背後充滿了戲劇性。

早在十六世紀中葉兩國之間的關係還很友好，甚至有幾年坐上英格蘭王位的不是別人，正是腓力二世本人。他還在一五五四年與英國國王亨利八世最年長的女兒瑪麗一世結婚，遺憾的是，這場婚姻最終竟引發了一場血腥的政治衝突。瑪麗一世在一五五八年早逝之前一直試圖讓大部分信仰新教的臣民改宗天主教，這一努力充滿血腥卻未達目的，史稱「血腥瑪麗」。

需要注意的是，瑪麗一世失敗的因素裡面有很重要的一條：她的繼任者、同父異母的妹妹伊莉莎白一世是非常篤信新教的，就像瑪麗一世虔誠信仰天主教那樣。頗具手腕的伊莉莎白一世終止了對新教徒的迫害並對天主教進行限制，改用一種懷柔的手段解決爭端，不再剝奪異教徒的生命，而是對他們的錢包採取措施。

換句話說，如果異教徒不進行新教禮拜儀式就需支付很高的罰款。不過，這樣一來，那些還信仰天主教的貴族家庭將面臨耗盡家產的危險，尤其是生活在鄉村地區的貴族。因此，伊莉莎白女王並沒有徹底解決因為信仰而發生的爭端，而且還與埃斯科里亞爾（這裡指修道院，是西班牙信仰的典型代表）篤信天主教的西班牙國王之間在宗教上形成對立關係。

宗教對立在很多時候未必會引發戰爭，除非到了經濟與政治矛盾不可調和的地步。十六世紀後半葉，英國因在講荷蘭語的北德意志銷售市場遇阻，引發了英國羊絨製品生產的困難。與西班牙相比，當時的英國就是一個極其貧窮的國家。

馬丁利在《無敵艦隊》一書中的描述成為上述觀點的有力佐證：「對比兩國收入，伊莉莎白一世在腓力二世國王面前就像灰姑娘一樣：英國全年的收入還比不上西班牙國王四塊領地之一的米蘭公國一整年的收入。」這就是說，伊莉莎白一世繼承的是一個爛攤子——她父親亨利八世統治時期欠下了堆積如山的債務。在此情形下，她的政治迴旋餘地頗為有限，要想做點事情，就不得不請求議會批准徵收賦稅和特種稅。

這種解決問題的方式並不奇特，大多數時候，一個財政窘迫的國家是可以透過稅收的多樣化來增加收入的，但對當時的每位君主來說，這都是一個棘手而令人不快的辦法。因為，君主要求的財政支持會以新的權力和特權形式加重臣民的負擔。

或許有人會提出這樣的質疑：從一五六〇年代開始，不是已經有新大陸了嗎？的確如此！海外領地或海外殖民地確實能夠帶來可觀的收入，但對於當時的英國而言，它尚未擁有海外領地，或者說海外領地少得可憐，不列顛殖民帝國是在之後的十七與十八世紀產生的。此前，只有西班牙和葡萄牙國王在南美洲和中美洲擁有貿易基地及殖民地。

今天看來，這兩個老牌的殖民國家在當時的確強悍和富有。那麼，還有什麼是比打劫富有者更快擁有財富的途徑呢？很快，一些英國人，確切說是冒險家、航海家、海盜和私人貿易者，他們發現干涉皇室壟斷的伊比利亞殖民地貿易（即西班牙、葡萄牙在美洲的貿易）就能輕鬆獲得巨額利潤。這就是說，在通往新大陸的航路上劫掠西班牙和葡萄牙商船，並襲擊加勒比海和南美地區通常只由少量士兵保護的港口城市，就是快速獲取巨額財富的最佳途徑了。

要想成功實施劫掠，就需要擁有速度和機動性均優於對手的船隻，同時還要由具備出色的航海技能和無所畏懼的品質的專業人員指揮才行。細細想來，在當時只有商人、冒險家之類的才是最好的目標群體。因為他們已經形成一個在當時很典型的職業群體（即冒險家、航海家、海盜和私人貿易者），他們懂得如何將憑冒險欲追求利益與應用各種實踐技能結合起來。

沒有什麼比得上財富的巨大誘惑力了——約翰·霍金斯（John Hawkins）就是典型的代表人物之一。這個人擁有通往未知世界的航行技能，可以在許多危險中化險為夷，他還具備組織能力的天賦，並且能說服投資人心甘情願地拿出多少不一的投資。

一五三二年，霍金斯出生在英國南部的港口城市普利茅斯，他的父親是經驗豐富的海員，耳濡目染的他自然也熟悉航海。一五五五年，霍金斯說服了幾位富有的倫敦商人為他的三艘船的裝備進行投資。本來他是打算把來自非洲的黑奴運到加勒比地區賣掉的，但在航行途中他抓住一個有利機會劫持了一艘葡萄牙奴隸運輸船。頗具商業頭腦的他不但借此順利入手了一批黑人「商品」，同時還獲得這艘船「附贈」的戰利品。隨後，他將黑人「商品」運輸到加勒比港口聖多明哥（Santo Domingo，南美洲最古老的城市，位於南部奧薩馬河流入加勒比海的入海口），在賣掉黑人後，他獲得了巨額的收益。一五六三年，霍金斯平安地返回了英國。

值得注意的是，霍金斯的這次成功開啟了一種新的暴利商業模式，而且這種模式後來被證明是非常成功的。當然，這種不放過任何獲取暴利機會的投機者，其肆意的行為終將加劇英國與西班牙兩國之間政治關係的惡化。

回到英國的霍金斯受到許多人的追捧。第二年，伊莉莎白女王邀請他為一場新的奴隸貿易遠征籌集裝備。出於極度的信任，女王竟將七百噸的蓋倫帆船「盧貝克的耶穌」號全權交給他管理。這是多麼的不可思議！至高無上的英國女王竟是一個奴隸販子的商業夥伴，而這個奴隸販子在航行中可以肆無忌憚地劫掠外國船隻！

這是不是奉旨打劫呢？是的，深刻地講，近代早期針對商船的海盜行為與由於獲得許可證而「合法化」的海盜行為是難以區分的。正是因為難以區分，才可以讓人渾水摸魚。這就是英國上層階級的高明策略！那些出身低微、航海技術嫻熟的海盜為女王、貴族、倫敦商人所支持和庇護，這幾者的結合已被歷史所證明：它是一項劃時代的革新，並對未來產生了深遠影響，巨額的國家財富就這樣積累起來了。

約翰·霍金斯後出現了又一個厲害的人物，他就是大名鼎鼎的法蘭西斯·德雷克（Francis Drake）。他是除了霍拉肖·納爾遜（Horatio Nelson）之外，世界史上最著名的戰艦艦長（說他為海盜王也不為過），同約翰·霍金斯是表兄弟關係。[5]法蘭西斯·德雷克憑藉大膽的戰術技巧襲擊了西班牙船隻和許多貿易基地，並於一五七七—一五八〇年成為第一位環遊世界的英國人。鑒於他戰績輝煌，女王授予他貴族頭銜。

像約翰·霍金斯、法蘭西斯·德雷克這樣的人還有許多，他們既為自己的國家做出了重要貢獻，也加劇了英國和西班牙等國的矛盾。雖然這樣的說法值得商榷，但毋庸置疑這是事實。

是商人還是海盜，抑或其他，自有分說。

5 相關內容可參閱熊顯華的《海權簡史：海權樞紐與大國興衰》；科林·伍達德的《海盜共和國》。

02
決定時刻

腓力二世是絕不能容忍像約翰・霍金斯和法蘭西斯・德雷克這樣的人肆虐的。他把這樣的行為看作是持久性的挑釁，況且，伊莉莎白一世還在一五八四年簽署了《諾斯切條約》。當然，這也是女王對腓力二世與亨利・德吉斯領導的法國天主教同盟簽署的《茹安維爾條約》的回應（詳情可瞭解法國宗教戰爭與西班牙入侵英國計畫相關的內容）。這一時期的英國和西班牙處於「冷戰」階段。

腓力二世在跨過「冷戰」階段後，決定以公開衝突的形式來解決兩國爭端。

一段時期以來，強勢的伊莉莎白女王站到了荷蘭的叛亂分子一邊，不僅為他們提供財政援助，還派出英國軍隊給予支援。值得一提的是，西班牙帝國已經對這些叛亂實施了將近二十年的血腥鎮壓，但收效甚微。本來兩國之間就矛盾未解，現在伊莉莎白女王又公然支持叛亂分子，這就加速了腓力二世向英國開戰的步伐。

伊莉莎白女王不可能沒有感受到威脅的存在，鑒於兩國關係日益緊張，她和她的顧問們已經將西班牙軍事力量出現在運河沿岸港口的任何可能性視為致命威脅。這種高度的戒備心理，讓英西兩國的關係不可能得到緩解。

作為報復，一五八五年五月腓力二世對英國實施貿易禁運，所有外國船隻都要交由西班牙港口暫時封存。同年秋天，他決定進攻英國，這不是他第一次做出這樣的決定，但這次卻顯示了前所未有的決心。很快，腓力二世進攻英國的決心就得到了西班牙駐荷蘭陸軍總司令帕爾馬公爵、聖克魯茲侯爵阿爾瓦羅·德巴桑等人的支持，這些人都參與了進攻計畫的制定。

作為勒班陀海戰的老將，德巴桑是那個時代極負盛名的海軍將領之一。面對英西兩國不斷升級的衝突，他在一五八三年就忠心耿耿地向國王建議對不列顛群島發動攻擊。早在一五八六年春天，他就以火一樣的熱情投入到籌畫工作中。根據當時一位艦隊官員的描述，德巴桑向腓力二世提供了詳細的作戰計畫：「他不僅在方案中提及了船隻和火炮、人員和馬匹、風帆和步槍，也提及了索具、船用應急餅乾和火藥桶，還有一支艦隊為進行兩棲攻擊行動所需要的一切。」[6]

6　參閱加勒特·馬丁利的《無敵艦隊》。

值得一提的是，德巴桑的方案是西班牙近代早期保存下來的重要文獻之一。實際上，這份方案更引人注目的在於它高估了像腓力二世這樣的君主所擁有的實際能力。因為，提供給侯爵用以入侵英國的總共五百一十艘船、三萬名水手和五．五萬名士兵根本沒有經過遠航檢驗，更不用說裝備和供應了。偏偏國王置若罔聞。

好在侯爵本人發現了方案的不足之處，很快，一個新的計畫產生了，這也再次印證了聖克魯茲侯爵的火熱工作態度。新計畫的主要不同之處在於拋棄了單向作戰的模式，轉而與駐紮在荷蘭運河沿岸的帕爾馬公爵所率部隊進行聯合進攻。

這個新計畫本身沒有什麼毛病，唯一的環境局限在於新計畫的成功實施需要以兩軍的精確配合作為前提，但受限於當時不甚可靠的通信條件，協調工作始終很棘手，因而效果很差。儘管如此，該計畫還是得以推進了。整個一五八六年，西班牙帝國的資源和裝備不斷流向這支登陸艦隊，其規模在世界上前所未見。

不久，這個計畫就洩密了。

警惕的伊莉莎白女王以及她的智囊團會盯住西班牙人的任何風吹草動，正如馬丁利在《無敵艦隊》一書中的描述：「憂慮的伊莉莎白女王很快就與她的樞密顧問和將軍們一起考慮對策。同時，她向帕爾馬公爵派出代表，尋求進行和平談判。」

不得不說伊莉莎白女王非常厲害，一方面尋求和平談判，另一方面繼續進行著

「燒焦國王鬍子」的計畫。而法蘭西斯．德雷克繼續籌備一支私人艦隊對西班牙艦隊實施襲擾，他希望用這種方式「燒焦國王鬍子」。由於該計畫十分划算、效果顯著，很快就得到了倫敦商人一如既往的投資，也得到了伊莉莎白一世的支援。

一五八七年四月二十九日，由德雷克組建的以劫掠為主的艦隊成功突襲了加的斯港，西班牙損失了三十多艘船。隨後，他還毀掉了西班牙艦隊用於裝備作戰艦隊的至關重要的物資，可謂效果顯著。接下來的行動中，他獲得了比之前要大得多的戰果。

一五八七年六月，德雷克在亞速爾群島附近劫掠了葡萄牙商船「聖腓力」號，這艘滿載貨物的商船價值高達十四萬英鎊，全部為他所得。帶著戰利品安全返回英國的德雷克讓伊莉莎白女王十分滿意。

德雷克作為海上戰略家的威望是毫無爭議的，而西班牙人品嘗到的苦果無疑與那份作戰計畫有關。

無論如何，腓力二世都必須給予英國人狠狠的回擊了，他無法壓制心中的怒火。

§

腓力二世萬分惱怒，因為英國人的「下三爛」手段讓他頭疼不已。他敦促聖克魯茲侯爵對英國人發動決定性一擊。但是，聖克魯茲侯爵依舊擔心，他不停地強調著各種煩惱和問題，要求推遲行動。由於壓力極大，聖克魯茲侯爵被累垮了，躺在病床上的他口授了最後指令，於一五八八年二月九日逝世。

忠心耿耿的聖克魯茲侯爵死在了巨大的壓力之下，而腓力二世也失去了他最好的海軍將領。替代聖克魯茲侯爵的是錫多尼亞城公爵，如前文述及，他起初很不情願，且憂心忡忡。但是，他最後還是上任了，願意為國王盡自己最大的努力。

擺在錫多尼亞城公爵眼前的棘手問題太多。學者邁克．德莫特在《英格蘭》一書裡描述，這些棘手的問題莫過於「要使艦隊裝備能夠達到有幾分勝算的程度，需要近乎超人的工作熱情；要實現這支艦隊預計的裝備規模，即便當時最強大的君主國資金也有些短缺。這一時期，根本沒有一個歐洲主權國家能夠使一支大型艦隊在更長時間內做好戰鬥準備」。

如果不是西班牙擁有較多的海外殖民地，那裡有大量的白銀流入，腓力二世將會對艦隊的開支毫無辦法。直到一五八八年春天，這支艦隊終於初具規模了。這一切能夠得以實現，除了擁有財富上的支持，更重要的一點是西班牙人在地中海地區長達數個世紀的海戰中所積累的經驗。

考慮到之前的艦船大都是槳帆式的，不適合在波濤洶湧的大西洋上作戰，因此在組建這支艦隊時，只裝配了四艘槳帆戰船，大部分還是先進的蓋倫帆船。西班牙人採用這種新式的艦船，主要是考慮到接舷戰中的血肉搏鬥一直在此前的海戰中起決定作用。只是，西班牙船隻的火炮裝備不論數量還是口徑都相對較弱，蓋倫帆船則大大加強了近戰效果。具體來說，這支艦隊的士兵數量與水手數量比例接近3：1；在船體結構上，蓋倫船的船艏與船艉都修建了如城堡般巨大的上層建築，士兵可以用步槍在上面向對手進行射擊，然後再打接舷戰。不過，西班牙的造船師可能忽略掉了一個重要的弊端，高大的上層建築會對船隻航行的穩定性能產生災難性影響。不論刮起微風還是風暴，航行速度和抗壓性都會減少許多。誇張點說，這和卷不動的船帆沒什麼兩樣。

從腓力二世的角度來看，這支艦隊肯定是龐大又無敵的。從這支艦隊的智囊團內心來講，他們是想在海上打一場陸戰，即用接舷肉搏戰解決戰鬥，最終擊敗英國艦隊。

困擾西班牙人的問題也同樣困擾著英國人。有一點不同的是，英國的港口中產生了一支與西班牙海軍截然不同的艦隊，它的形態、裝備和戰鬥技術都承載了遠洋航海條件下獲取的經驗。英國人考慮的不是透過個人勇氣來進行戰鬥，他們考慮的是用技術來彌補艦隊的缺陷。依照他們的標準，英國船隻必須具備速度快、機動性強的特點，這樣才可以利用眾多的大口徑火炮在較遠距離對敵人實施齊射，而不需要進行接舷肉搏戰。只要稍加觀察，就會發現英國艦隊中人員的配備比例完全和西班牙艦隊相反，其比例為1：3。

繼續分析，我們一定不能忽略掉艦隊指揮官：

其一，英國艦隊總司令、埃芬漢姆男爵查理斯·霍華德（Charles Howard, 2nd Baron Howard of Effi ngham）海軍上將具備一些海事經驗。另外，他能給予屬下的將領們廣泛的行動自由，而錫多尼亞城公爵在這一方面做得要差一些。

其二，英國艦隊的將領大都出身比較卑微。換句話說，他們大都是一群以海為家的「海狗」，他們從社會下層能平步青雲完全取決於航海技能和豐富的海上經驗（否則也不會成功劫掠西班牙貨船了）。這些「海狗」能夠將船隻按照和西班牙對手不同的作戰原則進行建造及裝備。

因此，我們有必要再次回到前文所說的觀點，西班牙的進攻計畫洩密了——只有這樣，對手才可能知己知彼。

所有的準備都是為了這場具有重大意義的海戰。西班牙艦隊在出發前，還發生了一段小插曲，它對無敵艦隊駛向毀滅或許有著不易被發現的關係。

一五八八年四月二十四日，里斯本舉行了一場盛大的慶典祈禱儀式。鑒於這場祈禱儀式的重要性，教宗西斯篤斯五世（Sixtus V，一五八五－一五九〇年在位）的特使也親臨現場。就在幾天前，他與西班牙艦隊中一位頗有經驗的高級軍官進行了談話。

他說：「一旦在英吉利海峽爆發一場海戰，是否有理由堅信能夠擊敗英國艦隊？」對方回答「當然」。

他接著問：「你的把握從何而來？」

這時，對方的回答讓他很吃驚，對方說：「這很簡單。誰都知道我們要為上帝的事業而戰。當我們遇上英國人的時候，上帝肯定會指引我們向他們靠近並展開接舷戰。他要麼突然送給我們一場不可預知的壞天氣，要麼更有可能的是——英國人的頭腦一下子錯亂了。當我們開戰之後，西班牙的勇敢和刀刃，還有我們船上的無數士兵肯定會給我們帶來勝利。如果上帝並沒有幫助我們創造奇蹟的話，英國人的船隻速度比我們快，機動性比我們好，尤其是火炮射程比我們遠，他們和我們一樣都清楚這些優勢，不會與我們進行近戰，而是會在一個安全得多的距離上排成長列向我們射擊，我們沒法對他們造成絲毫傷害。因此我們滿懷著出現奇蹟的希望向英格蘭駛去。」[7]

既然西班牙人知道自身的弱點，也瞭解英國人的優勢，居然沒有去尋求破解的方法，反而如此輕描淡寫地把勝利寄託到上帝身上。或許，從上帝的角度來看，無敵艦隊就是這樣走向悲劇之路的吧！

真是悲劇，這位高級軍官的話如預言一般被證實了。

一五八八年七月二十九日晚上，的確有一個千載難逢的機會出現在西班牙艦隊面前。阿內爾·卡爾斯滕和奧拉夫·拉德在《大海戰：世界歷史的轉捩點》中寫道：「本該利用迎風面朝著一部分尚未進入戰鬥位置、一部分甚至還停泊在普利茅斯港的敵船發動衝擊，不需要上帝使英國人頭腦錯亂就能迫使其進入近戰與接舷戰的時候，他們的指揮官卻並沒有憑藉老練水手的大膽直覺，而是按照出身、傳統和指揮形勢所註定的那樣做出了決定，考慮冷靜、充滿責任感——然而卻是錯誤的。」

這兩位學者特別強調了兩點：一是風向；二是冷靜、充滿責任感的瞻前顧後在那樣的情況下是錯誤的。也就是說，西班牙人一旦失去這樣的機會，失敗就成定局了。

7 摘自加勒特·馬丁利的《無敵艦隊》。上述對話是依據教宗特使穆齊奧·布昂喬瓦尼在一五八八年四月寫給樞機主教亞歷山大·佩萊蒂·蒙塔爾托的一封信。

需要說明的是，這絕不是草率做出的分析。對此，我們可以從學者湯姆森對無敵艦隊的諸多研究中得到證實，他說：「似乎可以確定的是，在兩項重要火力參數中，西班牙無敵艦隊無論射速還是射程都處於劣勢，這就使得它不管打多久都可能無法在海戰中取勝。」[8]

我們還可以繼續分析，從一位匿名的荷蘭藝術家創作於一六〇五年的名為《三桅帆裝炮艦和蓋倫帆船》的油畫中發現明顯問題——畫面中呈現的是西班牙無敵艦隊的激烈戰鬥場景，且誰強誰弱一目了然：西班牙一方的戰船大都是巨型的（船槳為動力的三桅帆裝炮艦和擁有高大上層建築的蓋倫船），英國一方大部分風帆戰船的船體都比較小，具有很強的靈活性。還未等西班牙人的艦船靠近，英國人的炮火就擊毀了許多艘敵方艦船。

從一五八八年七月三十日至八月六日的七天中，西班牙無敵艦隊向西緩緩航行，目的是在加萊附近與帕爾馬公爵的軍隊會合。學者湯姆森在有關西班牙無敵艦隊的論述中說：「期間，英國人也從西邊迎著風不斷向對手靠近，使其進入火炮射程中，

8 摘自加勒特·馬丁利的《無敵艦隊》，也可參閱科林·馬丁（Colin Martin）和傑佛瑞·派克（Geoffrey Parker）所著的《西班牙無敵艦隊》（*The Spanish Armada*）。

並向其實施一場西班牙人無法有效回擊的射擊。」也就是說，英國人利用炮火的遠端優勢優雅地避開了所有打算實施接舷戰的西班牙戰船，而西班牙人想要充分利用的跳幫戰術幾乎不可能實現了。

就這樣，一場可以在一定時間內就見分曉的海戰開始了。

§

西班牙的船長們由惱怒到越來越心灰意冷的情緒變化加劇了己方失敗的步伐，而且這種情緒的變化讓整支艦隊失去了應有的紀律性和協調性。

第一階段的戰鬥中雙方損失都很小。英國人沒有損失一艘船，西班牙人只損失了兩艘：其中一艘的彈藥艙爆炸，另一艘的沉沒則是由於與己方船隻發生碰撞。

根據錫多尼亞城公爵的回憶記錄我們可以看出：八月六日那天，他命令艦隊在加萊海峽沿岸拋錨，並實現了任務的第一個主戰術目標，集結起來的英國海軍也沒有能夠阻止他快速突破英吉利海峽。阿內爾·卡爾斯滕和奧拉夫·拉德則認為公爵的回憶是出於對之前發生的事帶來的勝利感而寫。顯然，這樣的記錄只能說明完成了所謂的「第一個主戰術目標」不過是通往毀滅之路上短暫的喘息之機。錫多尼亞城公爵做夢也沒有想到，多支軍隊的成功會合並能發揮出成效不是一件容易的事。

而更致命的一點是，他的船隻幾乎將彈藥儲備消耗一空，尤其是炮彈。他立即向帕爾馬公爵寫信，要求帕爾馬公爵解決彈藥問題。可惜，這個問題沒有得到解決，更糟的是，他並沒有在約定時間和約定地點做好戰鬥準備。這一點可以從馬丁利在《無敵艦隊》中的描述得到印證：「根據原來的計畫，帕爾馬公爵的部隊在海峽沿岸與無敵艦隊會合後，應做好登上運輸船的準備，以便在西班牙艦隊的保護下朝英國海岸實施橫渡。但是，無論軍隊還是運輸船都未能出現。」

造成這樣的局面，有學者認為是西班牙陸軍司令帕爾馬公爵糟糕的合作態度所致，因為像他這樣富有經驗的陸軍指揮官肯定清楚這一點。不過，這樣的分析未必就是最接近真相的。首要的一點，他對國王腓力二世的忠誠和軍事能力都是無可置疑的。

所以，真正的原因是，帕爾馬公爵覺察到無敵艦隊從籌備到啟程沒完沒了地拖延，所謂「兵貴神速」，這樣的拖延不知道有多少不利局面等待著無敵艦隊；還有就是帕爾馬公爵在瞭解了英國海軍的優勢之後已經對入侵成功失去了信心，他不想讓自己久經沙場且忠心耿耿的部隊做出無謂的犧牲。換句話說，帕爾馬公爵從大局出發，盡可能讓帝國的損失減少到最小。

八月七日晚至八月八日凌晨，錫多尼亞城公爵內心十分憂慮，又一個棘手的問題擺在他面前：缺少可供西班牙艦隊停泊的大型深水港。這樣一來，船隻不得不停泊在海邊，成為小型縱火船的絕佳攻擊目標。

很快，危險就來了。英國人發動了一場火攻，令西班牙船隻驚慌逃命。這是自海戰開始以來艦隊第一次喪失了秩序，並在第二天遭受到慘重的、同時也是決定性的失敗。錫多尼亞城公爵長歎，回天乏術了。

03

國家崛起

這場對西班牙無敵艦隊的海戰發生在加萊附近海峽沿岸的格拉沃利訥（Gravelines）。

西班牙船隻已經有相當部分受損並且缺乏彈藥，現在還要頂著逆風與強大的海峽水流朝佛蘭德斯海岸漂流，可謂是「屋漏偏逢連夜雨」。

這支艦隊已經沒時間組成熟悉的半月形防禦陣型了，這一陣型此前曾成功地提供了保護。約有十二艘西班牙戰船在戰役中失蹤，有的船隻撞向峭壁，四分五裂。

依據英國軍事史學家約翰・理查・黑爾（John Richard Hale）在《無敵艦隊的故事》（*The Story of the Great Armada*）中的描述：「敗走格拉沃利訥後，無敵艦隊的戰鬥力崩潰了。錫多尼亞城公爵在戰鬥結束當晚寫給腓力二世國王的報告中不抱任何幻想地承認了這一點。實際上他已經沒有一艘具備戰鬥力的大型船隻了，一部分戰船受損嚴重，另一部分則缺乏彈藥。」

在一位名叫皮爾森的指揮官的日記中，他對無敵艦隊敗走後的作戰進程做了這樣的描述：「第二天，作戰會議提出了接下來的行動建議：要麼明知送死，轉向西南方攻擊英國艦隊，而這也只有在風向改變時才可能；要麼試圖沿著英國海岸向北航行，在蘇格蘭和愛爾蘭附近繞一個彎，將剩餘的船隻和船員帶回西班牙。錫多尼亞城公爵沒有聽從一些主張不顧一切繼續戰鬥的下級軍官的意見，再次根據他對國王的責任感做出決定，挽救能夠挽救的一切。」[9]

無敵艦隊的厄運並沒有隨著海戰的結束而結束。在為時數週的返航途中，這支艦隊遭遇了異常多的寒冷、大雨和風暴的肆虐。

這場肆虐讓無敵艦隊遭受到的損失遠高於戰鬥期間遭受的損失。按照英國軍事史學家約翰．理查．黑爾在《無敵艦隊的故事》中的說法：「蓋倫帆船在愛爾蘭西海岸成排地粉身碎骨，精疲力竭的船員上岸求救時，被英國軍隊無情地殲滅。即便是最終回到西班牙北部港口桑坦德和拉科魯尼亞的船隻中，損失也頗為巨大。這是因為，用未風乾的箍桶板製成的劣質木桶所儲存的水和食物腐敗速度太快。整個十月的損失報告如此之多，以至於西班牙皇室只有經過特批才能穿喪服，因為人們擔心

9　依據阿內爾．卡爾斯滕和奧拉夫．拉德《大海戰：世界歷史的轉捩點》中的引述。

這會造成人心動搖。」

就個人心境的難受度而言，除了國王腓力二世，恐怕要數錫多尼亞城公爵了。他奄奄一息、內心沉痛地抵達西班牙後，立即就向國王遞交了履職報告。不過，腓力二世心裡雖然難受，但他沒有將罪責全部推在公爵身上，在回信中他從上帝的關愛角度問候了公爵健康狀況，沒有表露一點指責的意思。因此，公爵感激涕零，在身體痊癒之後依然盡心盡力地輔佐著腓力二世和他的繼任者，直至一六一五年逝世。

§

英國人在這次與世界霸主的對決中取得了勝利，許多軍官、士兵和民眾因此產生了非常樂觀的情緒，霍華德勳爵在戰鬥結束當晚給國務祕書法蘭西斯·沃辛漢（Sir Francis Walsingham）寫了一封信，約翰·黑爾在《無敵艦隊的故事》中記載了這封信的內容，沃辛漢在信中寫道：「西班牙艦隊已經被重創，但它仍然由戰鬥力相當可觀的強大戰船組成……在沒有實現目標之前，我不想給女王陛下寫信。無敵艦隊壯觀、龐大和強盛，然而我們還是會一根接一根地拔掉它的羽毛。」

或許是英國人過於樂觀，不久就發生了讓英國人恐懼不已的事。英國人無法為自己的艦隊提供足夠的補給，因為貿易活動曾一度中斷或不振，水手開始吊詭地大批死亡。對此，我們可以從八月十四日霍華德勳爵給國務祕書法蘭西斯・沃辛漢的信中得到證實，信的內容在黑爾的《無敵艦隊的故事》中也有記載：「不得不目睹作戰如此勇敢的士兵們大規模地悲慘死去，著實是一件令人傷心欲絕的事情。」

上述問題到底表明了什麼呢？一個具備深刻意義的經驗是：一個正在發展中的現代國家在建立和裝備一支大型艦隊中做到了資源的充足擁有和配備。換句話說，發展中國家在國力資源的準備以及建設較大規模的艦隊時的矛盾能否得到調和，這一時期英國的資源是遠遠低於龐大的西班牙帝國的。

不過，英國人並沒有持久悲觀下去，他們努力尋找解決之法：女王的特許經營、私營商人參與到嚴格意義的國家軍事事務中來（東印度公司）。從長遠來看，它不僅促成大英帝國的崛起，還對資本主義經濟形式在歐洲的勝利做出了巨大貢獻。一個日不落帝國正在影響著全世界。從這個層面來講，英國人取得了無法用金錢來衡量的勝利，直到美國建國，它的光芒才日漸式微。

海權興衰兩千年 II

從鄂圖曼帝國的君士坦丁堡征途
到西班牙無敵艦隊的殞落

作　　者　熊顯華

發 行 人　林敬彬
主　　編　楊安瑜
編　　輯　高雅婷
封面設計　林子揚
行銷企劃　戴詠蕙、趙佑瑀
編輯協力　陳于雯、高家宏
出　　版　大旗出版社
發　　行　大都會文化事業有限公司
11051 台北市信義區基隆路一段 432 號 4 樓之 9
讀者服務專線：（02）27235216
讀者服務傳真：（02）27235220
電子郵件信箱：metro@ms21.hinet.net
網　　　址：www.metrobook.com.tw

郵政劃撥　14050529 大都會文化事業有限公司
出版日期　2023 年 06 月初版一刷
定　　價　380 元
ISBN　978-626-7284-10-0
書　　號　History-154

Banner Publishing, a division of Metropolitan Culture Enterprise Co., Ltd.
4F-9, Double Hero Bldg., 432, Keelung Rd., Sec. 1,Taipei 11051, Taiwan
Tel:+886-2-2723-5216　Fax:+886-2-2723-5220
E-mail:metro@ms21.hinet.net
Web-site:www.metrobook.com.tw

國家圖書館出版品預行編目（CIP）資料

海權興衰兩千年 II：從鄂圖曼帝國的君士坦丁堡征途到西班牙無敵艦隊的殞落 / 熊顯華　著 . -- 初版 -- 臺北市：大旗出版：大都會文化發行 ,2023.06；336 面；17×23 公分 .
-- (History-154)
ISBN 978-626-7284-10-0（平裝）

1. 海洋戰略 2. 海權 3. 世界史

592.42　　112006838